BRAMAT   MAYER   VILLENEUVE
ALTHOUSE   TURNQUIST   BOWDITCH   BOWDITCH   BOWDITCH

Technologie des métaux, contrôles et essais des soudures

Traduction et adaptation

Michel Bramat, Ingénieur-conseil
Ancien Président de la Société Française des Ingénieurs, Scientifiques
et Techniciens en Soudage (SIS)
Ancien Directeur exécutif du Comité Français de Normalisation en Soudage (CNS)
Ancien Directeur général de l'Institut International de la Soudure (IIW)

Mayer, Docteur-Ingénieur, Responsable Documentation-Normalisation, Institut de Soudure

Martin Villeneuve, traducteur

Ouvrage original
Modern Welding, de A. Althouse, C. Turnquist, W. Bowditch, K. Bowditch et M. Bowditch
© 2004 Goodheart-Willcox, Inc.

Pour toute information sur notre fonds et les nouveautés dans votre domaine de spécialisation, consultez notre site web : **www.deboeck.com**

© 2008 Éditions Reynald Goulet inc., Canada
Tous droits de reproduction réservés.

Nous reconnaissons l'aide financière du gouvernement du Canada par l'entremise du Programme d'aide au développement de l'industrie de l'édition pour nos activités d'édition.
Gouvernement du Québec – Programme de crédit d'impôt pour l'édition de livres – Gestion Sodec.

Diffusion exclusive pour l'Europe et l'Afrique : 1re édition
De Boeck & Larcier s.a.
Rue des Minimes 39
B -1000 Bruxelles

Il est interdit, sauf accord préalable et écrit de l'éditeur, de reproduire (notamment par photocopie) partiellement ou totalement le présent ouvrage, de le stocker dans une banque de données ou de le communiquer au public, sous quelque forme et de quelque manière que ce soit.

Imprimé au Canada
09 08 07   5 4 3 2 1

Dépôt légal Canada : 1er trimestre 2008
Bibliothèques et Archives nationales du Québec
Bibliothèque et Archives Canada
Dépôt légal :
Bibliothèque Nationale, Paris: février 2008   ISBN Reynald Goulet 978-2-89377-343-8
Bibliothèque royale de Belgique, Bruxelles : 2008/0074/004   ISBN DBU 978-2-8041-5602-2

Introduction

Le soudage constitue le moyen d'assemblage privilégié de l'acier : en construction métallique et en atelier, son usage est systématique. Bien que le boulonnage, le vissage et le rivetage d'éléments préfabriqués soient répandus sur les chantiers, le soudage n'en demeure pas moins la technique qui assure la continuité du métal, qui résiste aux conditions climatiques extrêmes tout en conservant l'étanchéité de la pièce soudée.

Le soudage relève du secteur de la métallurgie; il paraît évident de bien connaître les propriétés des métaux si on veut les souder convenablement d'autant plus que l'ouvrage sera sollicité par des forces et des tensions souvent extrêmes. Il ne faut donc pas s'étonner que les travaux en atelier ou sur les chantiers soient régis par des cahiers de charges ainsi que par des modes opératoires spécifiques. Pour souder, il faut un apport de chaleur. Celle-ci peut provenir d'une énergie chimique, par exemple des flammes, ou d'une énergie lumineuse comme le laser. La chaleur peut finalement provenir d'une énergie électrique, la plus répandue, ou mécanique.

Le métier de soudeur exige des connaissances complexes faisant appel à la lecture de plans et devis, l'interprétation des symboles et de normes approuvées dans l'industrie, à une utilisation experte des procédés de soudage adaptés aux exigences du produit final ainsi que du contrôle de la qualité du travail. En entreprise, le soudeur organise son poste de travail, vérifie ses approvisionnements et prépare ses assemblages. Il exécute des soudures de qualité en conformité avec une procédure écrite, en fait l'inspection et corrige son travail si nécessaire. Le soudeur assure la maintenance de son équipement et l'exécution de l'ensemble de ses activités respecte les règles d'hygiène et de sécurité prescrites par les réglementations locales.

Cette collection d'ouvrages sur le soudage est destinée à l'enseignement pour la formation en soudage-montage et structures métalliques. Elle adopte une approche pragmatique de l'apprentissage du métier de soudeur et explique abondamment tous les procédés de soudage et de coupage utilisés en fabrication ou réparation ainsi que des méthodes d'inspection visant à garantir la qualité du travail. Elle intéressera également tous les amateurs sérieux et constituera un excellent rappel pour les gens du métier. La pratique soutenue des techniques de soudage n'en demeure pas moins une condition essentielle à la réussite de tout programme de formation.

Les mesures utilisées sont métriques. Nous avons conservé les mesures impériales entre parenthèses parce qu'elles sont encore souvent utilisées dans l'industrie mondiale et dans les cahiers de charges. Les normes et recommandations de référence correspondent à la pratique nord-américaine qui ne diffère pas, sur le fond, de la pratique européenne.

Comme les acronymes de l'AWS sont utilisés mondialement, nous avons préféré les utiliser plutôt que les acronymes britanniques. Nous prévenons donc le lecteur en début de chapitre de leur équivalence par la notice suivante :

Pour plus de concision, nous avons retenu les termes suivants :
SMAW : soudage à l'arc avec électrode enrobée
GTAW : soudage à l'arc sous gaz avec électrode de tungstène (TIG)
GMAW : soudage à l'arc sous gaz avec fil plein (MIG/MAG)
FCAW : soudage à l'arc avec fil fourré

Chaque volume de la collection propose une dimension du métier en précisant les principes fondamentaux, la théorie, l'équipement et les applications. L'aspect sécurité au travail est rappelé constamment par les caractères de couleur rouge chaque fois qu'il convient de le faire. Quelque 1600 photos, illustrations, schémas et tableaux en couleur augmentent agréablement la compréhension des concepts présentés, ce qui plaira sans doute aux étudiants.

Procédés de soudage à l'arc discute des principaux procédés utilisés dans l'industrie. Il renferme l'essentiel des informations requises pour comprendre le fonctionnement des sources de courant, des accessoires, des métaux d'apport et des gaz de protection. On y retrouve également les différents types d'assemblages et les techniques de soudage à utiliser selon la soudabilité de l'acier et des alliages dans toutes les positions. Les critères de choix du procédé seront discutés selon qu'il s'agisse du travail sur chantier ou en atelier, l'épaisseur du matériau et sa composition chimique, l'accès au joint, la position de travail et même son rendement économique.

Finalement, chaque chapitre se termine par un résumé et des questions de révision de la matière.

Coupage et procédés oxygaz présente les différents procédés de coupage, électriques et aux gaz. Il traite également des méthodes de brasage et de soudage électriques et aux gaz, de l'équipement requis et des techniques appropriées.

Procédés spéciaux de soudage et de coupage contient l'information nécessaire à la connaissance des procédés moins connus, en émergence ou d'application particulière. Il traite notamment des procédés de soudage par résistance, en phase solide et à l'arc submergé, de soudage robotisé et du revêtement métallique des surfaces. On y retrouve aussi les particularités du soudage des tuyaux et des procédés spéciaux de coupage. Certains programmes d'études n'engloberont pas autant de sujets, mais nous avons cru bon de le faire pour le bénéfice de certains établissements soucieux de former une clientèle plus spécialisée en raison du type d'industrie implantée dans leur localité.

Technologie des métaux, contrôles et essais des soudures renferme une foule d'informations sur les caractéristiques des différents métaux : modes de fabrication, méthodes d'identification et propriétés. On y découvre entre autres les particularités des métaux ferreux et non ferreux, la soudabilité des métaux purs et des alliages et les traitements thermiques applicables. Les essais destructifs et les contrôles non destructifs viendront confirmer l'habileté de l'opérateur soudeur à choisir les bons réglages car la sécurité de l'ensemble de l'ouvrage en dépend.

Note : Le masculin universel n'a été retenu que pour des raisons de concision. Les lectrices et les lecteurs de ce livre sont priés d'en tenir compte.

Table des matières

Technologie des métaux, contrôles et essais des soudures

Chapitre 1 Applications spéciales de soudage des métaux ferreux
1.1 Métaux et alliages ferreux   1
1.2 Soudage des aciers à moyenne et forte teneur en carbone   1
1.3 Soudage des aciers alliés   3
1.4 Soudage des aciers au chrome-molybdène   6
1.5 Soudage des alliages de nickel   6
1.6 Soudage des aciers revêtus   6
1.7 Soudage des aciers maraging   7
1.8 Soudage des aciers inoxydables   7
1.9 Soudage de métaux ferreux dissemblables   12
1.10 Soudage des fontes   12
Testez vos connaissances   15

Chapitre 2 Applications spéciales de soudage des métaux non ferreux
2.1 Métaux et alliages non ferreux   17
2.2 Aluminium   17
2.3 Préparation de l'aluminium avant le soudage   18
2.4 Soudage à l'arc d'aluminium corroyé   20
2.5 Soudage du magnésium   22
2.6 Soudage de coulées sous pression   23
2.7 Cuivre et alliages de cuivre   24
2.8 Titane   27
2.9 Soudage du zirconium   30
2.10 Soudage du béryllium   30
2.11 Soudage de métaux non ferreux dissemblables   30
2.12 Plastiques   30
Testez vos connaissances   33

Chapitre 3 Production des métaux
3.1 Fabrication du fer et de l'acier   35
3.2 Méthodes de fabrication de l'acier   38
3.3 Fabrication du cuivre   53
3.4 Fabrication des alliages de cuivre, des laitons et des bronzes   54
3.5 Fabrication de l'aluminium   54
3.6 Fabrication du zinc   55
3.7 Transformation des métaux   55
3.8 Règles de sécurité   56
Testez vos connaissances   56

Chapitre 4 Propriétés et identification des métaux
4.1 Fer et acier   57
4.2 Courbes de refroidissement   60
4.3 Diagramme fer-carbone   61
4.4 Identification des fontes et de l'acier   63
4.5 Identification des alliages ferreux et des aciers alliés   67
4.6 Systèmes de désignation des aciers   71
4.7 Métaux non ferreux   71
4.8 Métaux durs pour traitement de surface   73
4.9 Métaux tendres pour traitement de surface   73
4.10 Métaux de nouvelle génération   73
4.11 Règles de sécurité   74
Testez vos connaissances   74

Chapitre 5 Traitement thermique des métaux
5.1 Objectifs du traitement thermique   77
5.2 Teneur en carbone de l'acier   79
5.3 Structure cristalline de l'acier   80
5.4 Recuit de l'acier   82
5.5 Normalisation de l'acier   83
5.6 Trempe et revenu de l'acier   84
5.7 Relaxation thermique des contraintes   84
5.8 Globulisation   85
5.9 Durcissement de l'acier   85
5.10 Traitement thermique des aciers à outils   86
5.11 Traitement thermique des aciers alliés   88
5.12 Traitement thermique des fontes   88
5.13 Traitement thermique du cuivre   89
5.14 Traitement thermique de l'aluminium   89
5.15 Mesures de température   89
5.16 Règles de sécurité   91
Testez vos connaissances   91

Chapitre 6 Examens, contrôles et essais des soudures
6.1 Essais non destructifs (END)   93
6.2 Essais destructifs   94
6.3 Contrôle visuel   94
6.4 Contrôle par magnétoscopie   95
6.5 Contrôle par ressuage   97
6.6 Contrôle par ultrasons (US)   98
6.7 Contrôle par courants de Foucault   99
6.8 Contrôle par radiographie (rayons X)   99
6.9 Contrôle des soudures par essai de mise en pression pneumatique ou hydrostatique   100
6.10 Essai de pliage   101
6.11 Essai de traction   103
6.12 Essai de laboratoire sur joints soudés   105
6.13 Essai de flexion par choc   106
6.14 Essai de dureté   106
6.15 Examen microscopique des soudures   110
6.16 Examen macroscopique des soudures   110
6.17 Méthode d'analyse chimique des soudures   110
6.18 Essai de déboutonnage   110
6.19 Règles de sécurité   112
Testez vos connaissances   112

Chapitre 7 Données techniques
7.1 Effet de la température sur la pression à l'intérieur d'une bouteille ou d'un réservoir *113*
7.2 Effet du diamètre et de la longueur d'un tuyau flexible sur le débit de gaz et sa pression *114*
7.3 Propriétés des flammes *115*
7.4 Chimie du soudage oxyacétylénique *115*
7.5 Solutions chimiques de décapage et d'attaque *115*
7.6 Chimie d'une réaction aluminothermique *116*
7.7 Fonctionnement d'un haut fourneau *116*
7.8 Propriétés des métaux *116*
7.9 Contraintes engendrées par le soudage *118*
7.10 Systèmes de mesure des fils et des tôles minces *118*
7.11 Évaluation de la température par la couleur *119*
7.12 Jeux de forets et dimensions *120*
7.13 Taraudage d'un trou *121*
7.14 Système métrique *121*
7.15 Échelles de température *122*
7.16 Physique de l'énergie, de la température et de la chaleur *122*
7.17 Risques pour la santé *124*
Testez vos connaissances *127*

Sources des photographies

Chapitre 1
Figure 1-2 : Eureka Welding Alloys, Inc.
Figure 1-3 : Eureka Welding Alloys, Inc.
Figure 1-4 : Eureka Welding Alloys, Inc.

Chapitre 2
Figure 2-14 : Vacuum Atmospheres Co.
Figure 2-15 : Vacuum Atmospheres Co.
Figure 2-17 : Laramy Products Co., Inc.
Figure 2-18 : Laramy Products Co., Inc.
Figure 2-19 : Laramy Products Co., Inc.
Figure 2-20 : Kamweld Products Co., Inc.
Figure 2-21 : Laramy Products Co., Inc.
Figure 2-22 : Laramy Products Co., Inc.
Figure 2-23 : Laramy Products Co., Inc.

Chapitre 3
Figure 3-1 : American Iron and Steel Institute.
Figure 3-2 : American Iron and Steel Institute.
Figure 3-3 : American Iron and Steel Institute.
Figure 3-4 : Bethlehem Steel Corporation.
Figure 3-5 : American Iron and Steel Institute.
Figure 3-6 : American Iron and Steel Institute.
Figure 3-7 : American Iron and Steel Institute.
Figure 3-8 : INCO Alloys International.
Figure 3-9 : American Iron and Steel Institute.
Figure 3-10 : American Iron and Steel Institute.
Figure 3-11 : American Iron and Steel Institute.
Figure 3-13 : American Iron and Steel Institute.
Figure 3-14 : American Iron and Steel Institute.
Figure 3-15 : American Iron and Steel Institute.
Figure 3-16 : Central Foundry.
Figure 3-18 : Ajax Magnethermic Corp.
Figure 3-19 : The Electric Materials Company.

Chapitre 4
Figure 4-8 : Norton Co.
Figure 4-9 : Norton Co.
Figure 4-10 : Norton Co.
Figure 4-12 : ESAB Welding and Cutting Products.
Figure 4-13 : Norton Co.
Figure 4-14 : Norton Co.
Page 75 : FANUC Robotics.

Chapitre 5
Figure 5-4 : J.W. Rex Company.
Figure 5-15 : J.W. Rex Company.
Figure 5-16 : Duraline.
Figure 5-20 : General Motors Corp.
Figure 5-21 : Central Foundry, filiale de General Motors Corp.
Figure 5-22 : Central Foundry, filiale de General Motors Corp.
Figure 5-24 : Royco Instruments, Inc.
Figure 5-25 : Tempil° Division, Air Liquide America Corporation.
Figure 5-26 : Tempil° Division, Air Liquide America Corporation.
Figure 5-27 : Tempil° Division, Air Liquide America Corporation.
Figure 5-28 : Tempil° Division, Air Liquide America Corporation.
Figure 5-29 : Tempil° Division, Air Liquide America Corporation.
Figure 5-30 : Tempil° Division, Air Liquide America Corporation.

Chapitre 6
Figure 6-2 : Fiber Metal Products Co.
Figure 6-3 : Olympus America, Inc.
Figure 6-4 : Olympus America, Inc.
Figure 6-6 : Magnaflux Corp.
Figure 6-7 : Parker Research Corp.
Figure 6-8A : Econospect Corp.
Figure 6-8B : Parker Research Corp.
Figure 6-9 : Magnaflux Corp.
Figure 6-10 : Magnaflux Corp.
Figure 6-11 : Econospect Corp.
Figure 6-14 : Panametrics, Inc.
Figure 6-17 : Seifert X-ray Corp.
Figure 6-18 : Agfa NDT, Inc.
Figure 6-22 : Fischer Engineering Co.
Figure 6-25 : Tinius Olsen Testing Machine Co., Inc.
Figure 6-26 : Tinius Olsen Testing Machine Co., Inc.
Figure 6-28 : TWI.
Figure 6-29 : Instron Corporation.
Figure 6-30 : Instron Corporation.
Figure 6-32 : Shore Instrument Company.
Figure 6-33 : Engineering and Scientific Equipment, Ltd.
Figure 6-35 : Krautkramer, Inc.
Figure 6-36 : Krautkramer, Inc.
Figure 6-37 : Shore Instrument Company.
Figure 6-38 : Instron Corporation.
Figure 6-40 : Instron Corporation.
Figure 6-42 : Leica Optical Products Division.
Figure 6-43 : Leica Optical Products Division.
Page 112 : CK Worldwide.

Chapitre 7
Figure 7-2 : Smith Equipment, Div. of Tescom Corp.
Page 128 : Koike-Aronson, Inc.
Page 129 : Miller Electric Mfg. Co.

Chapitre 1
Applications spéciales de soudage des métaux ferreux

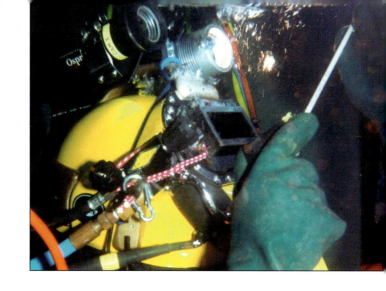

Objectifs pédagogiques

Après l'étude de ce chapitre, vous pourrez :
* Décrire les aciers à faible, moyenne et forte teneur en carbone, de même que l'acier au carbone ordinaire et l'acier allié.
* Décrire le préchauffage, le chauffage interpasse et le postchauffage et pourquoi ces traitements thermiques sont effectués.
* Décrire le bon mode opératoire pour souder de l'acier inoxydable, de l'acier d'outillage et de la fonte.

La grande majorité des métaux peuvent être soudés. Ce chapitre explique les facteurs à prendre en considération et à appliquer pour souder des métaux ferreux autres que les aciers ordinaires au carbone. Les *métaux ferreux* désignent les métaux et les alliages riches en fer (Fe). Parmi ces métaux, on retrouve notamment :
* Les aciers à moyenne et forte teneur en carbone
* Les aciers haute résistance faiblement alliés
* Les aciers au chrome-molybdène (Cr-Mo)
* Les alliages de nickel
* Les aciers revêtus
* Les aciers inoxydables
* Les fontes

Nombre des métaux ferreux énumérés ci-dessus requièrent des traitements de préchauffage, de chauffage interpasse et/ou de postchauffage. Ces traitements thermiques permettent d'assurer une résistance optimale de la *zone affectée thermiquement* et de l'acier présent dans les soudures une fois ces dernières complétées et refroidies. Le chapitre 5 décrit ces traitements thermiques plus en détail.

La température doit être surveillée lors d'un traitement de préchauffage, de chauffage interpasse et de postchauffage. Pour ce faire, on utilise habituellement des crayons thermosensibles.

1.1 Métaux et alliages ferreux

Les deux grandes catégories de métaux sont :
* Les métaux ferreux
* Les métaux non ferreux

Nous discuterons des applications spéciales de soudage pour métaux non ferreux au chapitre 2.

Les métaux ferreux incluent le fer et l'acier. Le fer forgé est facile à former et à façonner à coups de marteau. Il s'agit en fait de fer presque pur, puisqu'il ne renferme qu'environ 0,2 % de carbone. La fonte est quant à elle *cassante* et contient entre 1,7 et 4,5 % de carbone. Enfin, l'acier est du fer pur auquel on a incorporé de faibles quantités de carbone pour en augmenter la résistance. D'autres éléments d'alliage peuvent également être ajoutés en quantités spécifiques pour donner à l'acier des propriétés spéciales. Un élément d'alliage désigne un élément chimique comme le chrome (Cr), le soufre (S), le phosphore (P), le nickel (Ni), le titane (Ti), le manganèse (Mg), le molybdène (Mo), le cobalt (Co) ou le columbium (Cb), comme l'illustre la figure 1-1. Alliés à de l'acier au carbone ordinaire, ces éléments permettent d'augmenter la force, la solidité, la résistance à la corrosion ou de faciliter l'usinage du métal. Toutefois, un pourcentage accru de la valeur en carbone ou de certains éléments d'alliage rend le métal plus difficile à souder.

Pour augmenter la résistance à la corrosion de l'acier, celui-ci doit être revêtu d'aluminium (aluminisé) ou de zinc (galvanisé). De tels revêtements compliquent cependant le soudage de ces aciers.

1.2 Soudage des aciers à moyenne et forte teneur en carbone

Pour le soudage efficace d'aciers à moyenne et forte teneur en carbone ou d'aciers alliés, il faut que les métaux soient adéquatement identifiés pour utiliser le bon mode opératoire de soudage. Les informations suivantes doivent être connues pour exécuter des soudures acceptables :

Élément d'alliage	Symbole chimique	Propriété
Aluminium	Al	Facilite la désoxydation.
Bore	B	Améliore la trempabilité.
Carbone	C	Augmente la dureté, la résistance et réduit l'usure.
Chrome	Cr	Améliore la trempabilité et la résistance à la corrosion.
Cobalt	Co	Augmente la dureté et réduit l'usure.
Columbium	Cb	Aide à éliminer la précipitation des carbures.
Cuivre	Cu	Améliore la résistance et la résistance à la corrosion.
Plomb	Pb	Facilite l'usinage.
Manganèse	Mg	Améliore la résistance, la trempabilité et la sensibilité aux traitements thermiques.
Molybdène	Mo	Augmente la trempabilité et la résistance à des températures élevées.
Nickel	Ni	Améliore la dureté et la résistance.
Phosphore	P	Augmente la résistance.
Silicium	Si	Facilite la désoxydation et améliore la trempabilité.
Soufre	S	Facilite l'usinage.
Titane	Ti	Aide à éliminer la précipitation des carbures.
Tungstène	W	Augmente la résistance à des températures élevées et réduit l'usure.
Vanadium	V	Augmente la dureté et aide à créer une structure à grain affiné.

Figure 1-1. Liste des éléments d'alliage couramment ajoutés à l'acier pour lui donner des propriétés spéciales. Le tableau énumère le nom et le symbole chimique de chaque élément.

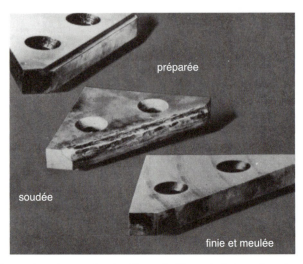

Figure 1-2. Lame de cisaille métallique brisée préparée pour le soudage, soudée et finie par meulage.

Figure 1-3. Lames d'un tour alésoir. A – Vue des arêtes tranchantes endommagées avant le soudage. B – État des lames après le soudage. Une fois la surépaisseur complétée, la pièce est meulée à sa forme d'origine.

- La température de préchauffage (si applicable)
- La température de chauffage interpasse (si applicable)
- La température de postchauffage (si applicable)
- Le procédé et la méthode de soudage
- Le type d'électrode ou de métal d'apport

Les aciers à moyenne teneur en carbone renferment de 0,3 à 0,5 % de carbone. Ces aciers servent souvent à fabriquer des outils à main, des outils de découpage et des machines, en raison de leur dureté et de leur grande résistance au bris et à l'usure, comme le montrent les figures 1-2 et 1-3.

Le préchauffage peut être requis pour contrôler la vitesse de refroidissement et ainsi réduire la formation de martensite à forte teneur en carbone, un composé cassant. L'importance de recourir au préchauffage augmente à mesure que le pourcentage en carbone croît et selon le procédé de soudage utilisé. Par exemple, un procédé de soudage rapide, impliquant un faible débit de chaleur sur le métal et par conséquent une vitesse de refroidissement trop grande, requiert normalement le préchauffage des pièces. L'acier dont la teneur en carbone se situe entre 0,45 et 0,60 % doit être préchauffé à une température de 95 à 200 °C (200 à 400 °F).

Pour les joints de forte épaisseur, il faut parfois recourir au chauffage interpasse à la même température, voire au postchauffage afin de minimiser les contraintes.

Les traitements thermiques de détente sont particulièrement importants dans le cas de profilés métalliques épais ou lorsque l'ensemble soudé est immobilisé par des dispositifs de serrage lors du soudage.

Les aciers à forte teneur en carbone contiennent de 0,5 à 1,0 % de carbone. Ils servent surtout à fabriquer des outils de découpage et des matrices (figure 1-4). Ces aciers doivent être préchauffés à au moins 200 °C (400 °F) pour minimiser la formation de martensite. Le postchauffage est également requis pour réduire les contraintes, de même que le chauffage interpasse dans le cas de pièces métalliques épaisses.

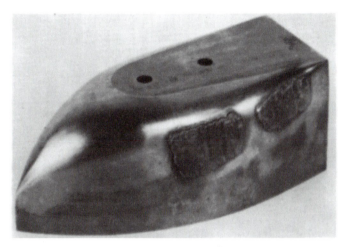

Figure 1-4. *Matrice réparée sur laquelle on a reconstruit les zones usées avec des cordons de soudure enchevêtrés. La surface est ensuite meulée à son fini d'origine.*

L'un des principaux problèmes lors du soudage des aciers à forte teneur en carbone et des aciers alliés demeure l'introduction importune d'hydrogène (H_2) dans la soudure et la zone affectée thermiquement. L'hydrogène, qui peut provenir de l'air ambiant entourant la soudure ou de certains enrobages d'électrodes, peut causer des fissures dans les soudures et la zone affectée thermiquement.

Pour le soudage à l'arc avec électrode enrobée d'acier à forte teneur en carbone, il faut donc utiliser des électrodes basiques pour minimiser l'introduction d'hydrogène dans les soudures. Parmi les nombreuses électrodes basiques, citons les modèles EXX15, EXX16, EXX18, EXX28 et EXX48. Pour éviter qu'elles n'absorbent l'hydrogène présent dans l'air ambiant, les électrodes basiques doivent être conservées dans un four à électrodes juste avant leur utilisation. Une longueur d'arc assez courte est également recommandée pour éliminer l'oxydation.

Le soudage à l'arc sous gaz avec fil plein peut aussi servir à souder les aciers à moyenne et forte teneur en carbone. Les gaz de protection recommandés sont le bioxyde de carbone (CO_2), l'argon et l'oxygène ou l'argon et le bioxyde de carbone. On peut également souder des aciers à moyenne et forte teneur en carbone avec le procédé de soudage sous gaz avec électrode de tungstène en utilisant de l'argon (Ar). Dans le cas du procédé de soudage à l'arc avec fil fourré, il faut employer un flux à faible concentration d'hydrogène. Les procédés oxygaz peuvent également servir à souder ces aciers, quoiqu'ils demandent plus de temps que les procédés de soudage à l'arc.

1.3 Soudage des aciers alliés

Les aciers alliés existent depuis plusieurs siècles et de nouveaux alliages sont constamment développés pour accommoder les nouveaux besoins de l'industrie. Chaque acier allié commercial possède des propriétés spéciales et renferme différents éléments d'alliage. La figure 1-5 illustre les types d'aciers alliés utilisés dans la construction de réservoirs pour gaz à basse et très basse température. Ces aciers alliés spéciaux, qui offrent une excellente résistance à de très basses températures, sont qualifiés d'*aciers cryogéniques*. La figure 1-6 donne un tableau des électrodes utilisées pour le soudage d'aciers faiblement alliés.

Les *aciers haute résistance faiblement alliés* servent surtout à fabriquer des tôles, des automobiles et des pièces destinées à la construction d'édifices. Quoique ces aciers ne renferment que 3 % d'éléments alliés, ils offrent une résistance de 10 à 30 % supérieure. Cet avantage physique permet de créer des pièces plus minces et plus légères tout en conservant le même niveau de résistance.

Les aciers haute résistance faiblement alliés peuvent être soudés en utilisant presque tous les procédés, quoiqu'ils doivent normalement être préchauffés pour minimiser la formation de martensite (figure 1-7). Pour le soudage d'aciers haute résistance faiblement alliés de différentes épaisseurs, utilisez la température de préchauffage la plus élevée. Les bords des joints doivent être préchauffés à une distance égale à l'épaisseur du métal ou à 75 mm (3 po), suivant laquelle de ces dimensions est la plus grande. Pour minimiser l'absorption d'hydrogène, utilisez des électrodes basiques pour le soudage à l'arc avec électrode enrobée ou des flux totalement dépourvus d'hydrogène dans le cas du soudage à l'arc avec fil fourré. Le postchauffage et le chauffage interpasse sont parfois requis dans le cas de pièces métalliques de forte épaisseur.

Ces aciers permettent de fabriquer des presses à estamper et à forger, de même que des outils mécaniques. Les matrices et outils utilisés pour la fabrication peuvent produire des milliers de pièces identiques. Les matrices et outils de qualité supérieure contiennent généralement des aciers alliés à forte teneur en carbone. Ces pièces sont difficiles à remplacer lorsqu'elles se brisent ou qu'elles deviennent trop usées, mais peuvent cependant être soudées. La plupart des procédés de soudage permettent de réparer les bris et les surfaces usées, comme le montrent les figures 1-2, 1-3 et 1-4.

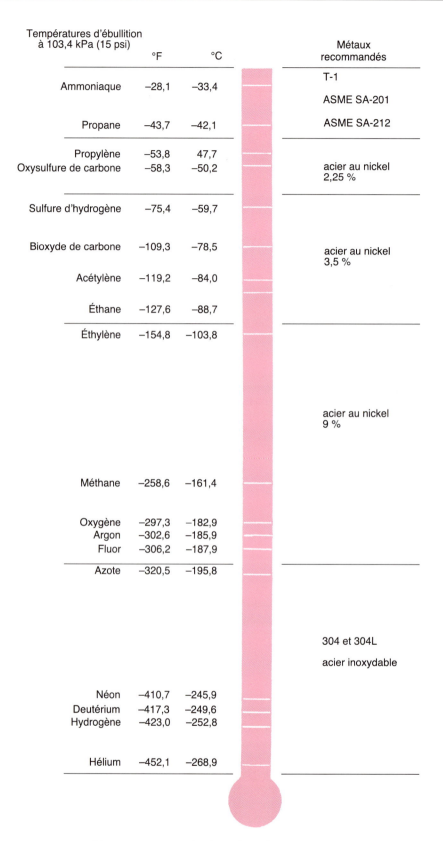

Figure 1-5. Table des aciers recommandés pour contenir des liquides à basse température (cryogéniques).

Classification [a] CSA	Classification [a] AWS	Type d'enrobage	Positions de soudage recommandées [b]	Type de courant [c]
Séries E70. Électrodes dont le dépôt possède un minimum de résistance à la traction, après traitement thermique de relaxation des contraintes, de 490 Mpa (70 000 l/po^2)				
E4910-X	E7010-X	Cellulosique, sodium	F, H, VU, O	CCPI
E4911-X	E7011-X	Cellulosique, potassium	F, H, VU, O	CA ou CCPI
E4915-X	E7015-X	Basique, sodium	F, H, VU, O	CCPI
E4916-X	E7016-X	Basique, potassium	F, H, VU, O	CA ou CCPI
E4918-X	E7018-X	Basique, poudre de fer	F, H, VU, O	CA ou CCPI
E4920-X	E7020-X	Oxyde de fer	{ H-cordon d'angle { F	CA ou CCPD CA ou CC ou CCPD
E4927-X	E7027-X	Oxyde de fer, poudre de fer	{ H-cordon d'angle { F	CA ou CCPD CA ou CC ou CCPD
Séries E80. Électrodes dont le dépôt possède un minimum de résistance à la traction de 550 Mpa (80 000 l/po^2)				
E5510-X	E8010-X	Cellulosique, sodium	F, H, VU, O	CCPI
E5511-X	E8011-X	Cellulosique, potassium	F, H, VU, O	CA ou CCPI
-----	E8013-X	Rutile (titane), potassium	F, H, VU, O	CA ou CC ou CCPD
E5515-X	E8015-X	Basique, sodium	F, H, VU, O	CCPI
E5516-X	E8016-X	Basique, potassium	F, H, VU, O	CA ou CCPI
E5518-X	E8018-X	Basique, poudre de fer	F, H, VU, O	CA ou CCPI
Séries E90. Électrodes dont le dépôt possède un minimum de résistance à la traction de 620 Mpa (90 000 l/po^2)				
E6210-X	E9010-X	Cellulosique, sodium	F, H, VU, O	CCPI
E6211-X	E9011-X	Cellulosique, potassium	F, H, VU, O	CA ou CCPI
-----	E9013-X	Rutile (titane), potassium	F, H, VU, O	CA ou CC ou CCPD
E6215-X	E9015-X	Basique, sodium	F, H, VU, O	CCPI
E6216-X	E9016-X	Basique, potassium	F, H, VU, O	CA ou CCPI
E6218-X	E9018-X	Poudre de fer, basique, hydrogène	F, H, VU, O	CA ou CCPI
Séries E100. Électrodes dont le dépôt possède un minimum de résistance à la traction de 690 Mpa (100 000 l/po^2)				
E6910-X	E10010-X	Cellulosique, sodium	F, H, VU, O	CCPI
E6911-X	E10011-X	Cellulosique, potassium	F, H, VU, O	CA ou CCPI
-----	E10013-X	Rutile (titane), potassium	F, H, VU, O	CA ou CC ou CCPD
E6915-X	E10015-X	Basique, sodium	F, H, VU, O	CCPI
E6916-X	E10016-X	Basique, potassium	F, H, VU, O	CA ou CCPI
E6918-X	E10018-X	Poudre de fer, basique, hydrogène	F, H, VU, O	CA ou CCPI
Séries E110. Électrodes dont le dépôt possède un minimum de résistance à la traction de 760 Mpa (110 000 l/po^2)				
E7615-X	E11015-X	Basique, sodium	F, H, VU, O	CCPI
E7616-X	E11016-X	Basique, potassium	F, H, VU, O	CA ou CCPI
E7618-X	E11018-X	Poudre de fer, basique, hydrogène	F, H, VU, O	CA ou CCPI
Séries E120. Électrodes dont le dépôt possède un minimum de résistance à la traction de 830 Mpa (120 000 l/po^2)				
E8315-X	E12015-X	Basique, sodium	F, H, VU, O	CCPI
E8316-X	E12016-X	Basique, potassium	F, H, VU, O	CA ou CCPI
E8318-X	E12018-X	Poudre de fer, basique, hydrogène	F, H, VU, O	CA ou CCPI

a. L'utilisation de la lettre X dans ce tableau remplace les suffixes A1, B1, B2, etc. (figure 1-50) et indique la composition chimique du métal déposé.
b. Abréviations des positions de soudage
   F : à plat
   H : horizontale
   H-F : horizontale pour soudures d'angle seulement
   VD : verticale descendante
   VU : verticale montant
   O : au plafond } Pour les électrodes de 4,8 mm (3/16 po) et moins
c. Abréviations des types de courant
   CA : courant alternatif
   CCPI : courant continu, polarité inverse
   CCPD : courant continu, polarité directe

Figure 1-6. Électrodes enrobées d'acier allié pour le procédé SMAW (AWS A5.5), en accord avec ISO 2560-B.

Classification d'acier	Épaisseur du métal		Température	
	po	mm	°F	°C
A242	jusqu'à 0,75	jusqu'à 19,1	32	0
A441				
A572 (Gr 42, 50)	0,81 à 1,50	5,3 à 38,1	50	10
A572 (Gr 60, 65 moins de 2,50")				
A588	1,51 à 2,50	38,4 à 63,5	150	66
A633 (Gr A, B, C, D)	2,51 et plus	63,8 et plus	225	121
A633 (Gr E moins de 2,50")				
A572 (Gr 60, 65)	2,51 et plus	63,8 et plus	300	149
A633 (Gr E)				

Figure 1-7. Température de préchauffage minimale pour les aciers haute résistance faiblement alliés.

1.4 Soudage des aciers au chrome-molybdène

Les *aciers au chrome-molybdène*, souvent qualifiés d'aciers *chrome-moly*, sont relativement résistants à la corrosion. Ils se composent de 0,5 à 9,0 % de chrome, de 0,5 à 1,0 % de molybdène et peuvent contenir jusqu'à 0,35 % de carbone. Les aciers au chrome-molybdène (Cr-Mo) peuvent également incorporer de faibles concentrations de vanadium, de titane ou de columbium pour des applications spéciales. Ces aciers se destinent à des applications exigeant une forte résistance à des températures élevées. Ils résistent également très bien aux corrosions causées par le soufre et à l'oxydation.

Les températures de préchauffage varient entre 150 et 260 °C (300 à 500 °F) lorsque le taux de carbone dépasse 0,15 %. Le postchauffage s'exécute en augmentant la température des soudures finies de 100 degrés et en maintenant celle-ci le temps de diffuser l'hydrogène contenu dans les soudures.

La plupart des procédés de soudage à l'arc permettent de souder les aciers au chrome-molybdène, en autant que l'on utilise une longueur d'arc courte pour minimiser l'oxydation et la perte de chrome dans les soudures. On peut également recourir au soudobrasage dans des cas spécifiques à haute température.

1.5 Soudage des alliages de nickel

Les alliages de nickel contiennent entre 32 et 82 % de nickel (Ni). D'autres éléments d'alliage incluent le carbone (C), le chrome (Cr), le molybdène (Mo), le fer (Fe), le cobalt (Co) et le cuivre (Cu).

Ces alliages se destinent à des applications aux températures élevées et/ou exigeant une grande résistance à la corrosion. Citons à cet effet les alliages Inconel 601 et Hastelloy X, qui peuvent résister à la corrosion jusqu'à 1200 °C (2200 °F).

La plupart des alliages de nickel peuvent être soudés avec les différents procédés de soudage à l'arc, quoique certains alliages demeurent très difficiles à souder.

Par exemple, l'alliage Hastelloy D constitué de 10 % de silicium et de 3 % de cuivre est virtuellement impossible à souder à l'arc, bien qu'on puisse le souder à l'acétylène.

En outre, la présence de petites quantités de soufre, d'aluminium, de silicium ou de phosphore peut provoquer la fissuration à chaud des soudures et de la zone affectée thermiquement. Le plomb (Pb) cause la fragilité à chaud, une condition pendant laquelle le métal soudé en fusion peut déserter le métal de base en s'affaissant.

Certains alliages de nickel requièrent des traitements de préchauffage et de postchauffage pour éliminer les contraintes, réduire la fissuration et rétablir leurs caractéristiques d'origine.

Le choix de l'électrode ou du métal d'apport est très important puisqu'il doit convenir à la composition chimique du métal de base. Des exemples d'électrodes pour le soudage à l'arc d'alliages de nickel sont les modèles ENiCu-2, ENiCrFe-3 et ENiMo-2. Deux des métaux utilisés pour les procédés GMAW, GTAW et SAW sont le ERNi-3 et le ERNiCrFe-6. Il faut donc connaître la composition chimique du métal à souder afin d'assurer le meilleur choix possible pour l'électrode ou le métal d'apport. Le fabricant du métal pourra toujours vous aider si vous ignorez la composition chimique de son produit.

1.6 Soudage des aciers revêtus

Les aciers au carbone et les aciers alliés qui doivent être protégés de l'*oxydation* (rouille) sont souvent revêtus d'une mince couche d'un autre métal. L'*aluminisation* désigne le procédé utilisé pour revêtir une surface d'une couche d'aluminium, tandis que la *galvanisation* décrit le procédé de revêtement de l'acier avec du zinc. Toutefois, ces deux procédés compliquent également le soudage des métaux ainsi revêtus.

Lors du soudage de métaux revêtus, les revêtements en surface fondent et peuvent contaminer les métaux de base et d'apport dans le bain de fusion. La pénétration de zinc provoque des fissures inacceptables dans la zone soudée, sans compter la réduction de l'efficacité du revêtement.

La plupart des procédés de soudage normalement utilisés pour des aciers sans revêtement peuvent également souder des acier revêtus. Il faut toutefois choisir des métaux d'apport à faible teneur en silicium, puisque les soudures contenant moins de 0,2 % de silicium sont généralement immunisées contre les fissures par pénétration de zinc. Pour le soudage à l'arc, les électrodes à enrobage au rutile E6012 ou E6013 sont recommandées, de même que le fil-électrode ER70S-3 à faible teneur en silicium dans le cas de soudage d'acier galvanisé avec le procédé GMAW.

La liste suivante énumère d'autres recommandations utiles pour le soudage d'aciers aluminisés et galvanisés :
- Utilisez des joints en demi V ou en V.
- Maintenez un écartement des bords d'environ 1,5 mm.
- Enlevez le revêtement de la zone autour du cordon de soudure avec un chalumeau oxygaz ou par grenaillage.
- Effectuez les essais de qualification requis sur les électrodes choisies pour le soudage.

Si le revêtement n'a pas été enlevé avant de souder à l'arc sous gaz avec fil plein, déplacez-vous plus lentement pour le faire fondre et le vaporiser. Dans le cas du soudage à l'arc avec électrode enrobée, exécutez un mouvement de va-et-vient de l'électrode pour faire fondre le revêtement au-devant du bain de fusion.

1.7 Soudage des aciers maraging

Les *aciers maraging* contiennent moins de 0,03 % de carbone, moins de 0,10 % de manganèse et de silicium et moins de 0,01 % de phosphore et de soufre. Ils sont constitués d'environ 18 % de nickel, 10 % de cobalt, jusqu'à 5 % de molybdène et de petites quantités de titane et d'aluminium. L'un de ces alliages utilise 5 % de chrome, en remplacement du cobalt.

L'acier maraging est dur, très résistant et relativement facile à souder. Le terme maraging combine le mot *martensite* et le mot anglais *aging*, qui signifie vieillissement. Quand cet acier refroidit après l'atteinte d'une température très élevée lors de la phase d'austénite, de la martensite se forme. L'acier est ensuite maintenu à environ 480 °C (900 °F) pendant environ douze heures pour faire vieillir la martensite. En fait, c'est ce vieillissement qui permet d'augmenter la résistance et la dureté de l'acier.

Ces aciers peuvent être soudés avec les procédés de soudage à l'arc. Il suffit d'utiliser un métal d'apport de composition identique au métal de base. Pour minimiser l'oxydation, il est donc recommandé de choisir une longueur d'arc courte.

Le préchauffage n'est pas requis, mais le postchauffage permet de vieillir de nouveau la martensite présente dans les soudures et la zone affectée thermiquement.

1.8 Soudage des aciers inoxydables

De nombreux alliages d'acier sont qualifiés d'*aciers inoxydables*. Ils contiennent 0,03 à 0,45 % de carbone, 11 à 32 % de chrome, 0,6 à 37 % de nickel, 0,35 à 4 % de molybdène et de faibles quantités de manganèse, de phosphore, de silicium, de soufre et de cuivre.

En général, les aciers inoxydables résistent très bien à la corrosion, d'où leur nom. Toutefois, certains aciers inoxydables peuvent se corroder s'ils sont exposés à des conditions difficiles. Les éléments d'alliage de ces métaux leur procurent de bonnes qualités physiques et un aspect propre et clair. Le polissage des cordons de soudure est souvent requis pour redonner au métal son éclat d'origine.

Les aciers inoxydables sont généralement divisés en quatre groupes :
- Les alliages martensitiques chromeux
- Les alliages ferritiques chromeux
- Les alliages austénitiques
- Les alliages à durcissement par précipitation

L'AISI (*American Iron and Steel Institute*) emploie des nombres à trois chiffres pour identifier les types d'aciers, à savoir les séries 200, 300 et 400. On retrouve par exemple les alliages *201*, *304*, *316L*, *410*, *420* et *430*. Le suffixe L dans 316L désigne un acier à faible teneur en carbone.

1.8.1 Soudage des aciers martensitiques chromeux

Les *aciers martensitiques chromeux* sont des alliages très durs et peu ductiles. Ils se composent de 11,5 à 18 % de chrome (Cr) et de 0,15 à 1,2 % de carbone. La forte teneur en chrome de ces aciers facilite la formation de martensite lorsqu'ils sont refroidis (trempés) rapidement. Les alliages martensitiques correspondent à la série 400 ou 4XX des aciers inoxydables, comme l'illustre la figure 1-8.

La majorité des procédés de soudage à l'arc permettent de souder ces aciers. Un préchauffage à environ 260 °C (500 °F) permet de minimiser la fissuration du métal. À cet effet, référez-vous à la figure 1-9. Le postchauffage peut être requis pour le revenu ou le recuit des soudures et de la zone affectée thermiquement. Ce traitement thermique permet de réduire la dureté du métal et d'en augmenter la résistance. Il suffit alors de chauffer l'ensemble soudé à une température d'environ 700 °C (1300 °F), de le laisser refroidir lentement jusqu'à 600 °C (1000 °F) dans un four, puis de le placer à l'air libre pour le refroidissement final. La figure 1-10 illustre les températures de recuit pour les aciers martensitiques. Pour souder ces aciers, on utilise normalement un métal d'apport austénitique si le métal n'a subi aucun traitement de postchauffage.

Le métal d'apport de type 410 permet de souder les aciers inoxydables martensitiques 403, 410, 414 et 420. En outre, le métal d'apport ER420 s'harmonise très bien à la teneur en carbone de l'acier inoxydable de type 420. Les fontes CA-6NM et autres alliages similaires se soudent avec le métal d'apport 410NiMo.

Aucune technique spéciale n'est requise pour ces aciers inoxydables. Il suffit d'utiliser une longueur d'arc assez courte pour minimiser l'oxydation et la perte de chrome. Comme tous les aciers à forte teneur en carbone, les aciers martensitiques contenant plus de 0,2 % de carbone demeurent plus difficiles à souder, puisqu'ils sont plus enclins à la fissuration.

Alliage	C	Mn	Si	Cr	Ni	P	S	Autres éléments
403	0,15	1,00	0,50	11,5-13,0		0,04	0,03	
410	0,15	1,00	1,00	11,5-13,0		0,04	0,03	
414	0,15	1,00	1,00	11,5-13,5	1,25 à 2,50	0,04	0,03	
416	0,15	1,25	1,00	12,0-14,0		0,04	0,03	
420	0,15	1,00	1,00	12,0-14,0		0,04	0,03	
422	0,20-0,25	1,00	0,75	11,0-13,0	0,5 à 1,0	0,025	0,025	0,15 à 0,30 V; 0,75 à 1,25 Mo; 0,75 à 1,25 W
431	0,20	1,00	1,00	15,0-17,0	1,25 à 2,50	0,04	0,03	
440A	0,60-0,75	1,00	1,00	16,0-18,0		0,04	0,03	0,75 Mo
440B	0,75-0,90	1,00	1,00	16,0-18,0		0,04	0,03	0,75 Mo
440C	0,95-1,20	1,00	1,00	16,0-18,0		0,04	0,03	0,75 Mo
*CA-6NM	0,06	1,00	1,00	11,5-14,0	3,5 à 4,5	0,04	0,04	0,40-1,0 Mo
CA-15	0,15	1,00	1,50	11,5-14,0	1,0	0,04	0,04	0,5 Mo
CA-40	0,20-0,40	1,00	1,50	11,5-14,0	1,0	0,04	0,04	0,5 Mo

*CA signifie alliage moulé.

Figure 1-8. Pourcentages maximaux des éléments composant les aciers inoxydables martensitiques.

Pourcentage de carbone	Température de préchauffage °F	Température de préchauffage °C	Débit de chaleur	Postchauffage recommandé
moins de 0,10	au moins 400	au moins 200	normal	facultatif
0,10 à 0,20	400 à 500	200 à 260	normal	laisser refroidir lentement, traitement thermique facultatif
0,20 à 0,50	500 à 600	260 à 315	normal	requis
plus de 0,50	500 à 600	260 à 315	supérieur à la normale	requis

Figure 1-9. Températures de préchauffage, de soudage et de postchauffage recommandées pour les aciers inoxydables martensitiques.

Alliage	Température de recuit subcritique °F	Température de recuit subcritique °C	Température de recuit complet °F	Température de recuit complet °C
403	1200 à 1400	650 à 760	1525 à 1625	830 à 890
410	1200 à 1400	650 à 760	1525 à 1625	830 à 890
414	1200 à 1350	650 à 730	non recommandé	
420	1250 à 1400	680 à 760	1550 à 1650	840 à 900
431	1150 à 1300	620 à 700	non recommandé	
440A,B,C	1250 à 1400	680 à 760	1550 à 1650	840 à 900
*CA-6NM	1100 à 1150	590 à 620	1450 à 1500	790 à 820
CA-15	1150 à 1200	620 à 650	1550 à 1650	840 à 900
CA-40	1150 à 1200	620 à 650	1550 à 1650	840 à 900

*CA signifie alliage moulé.

Figure 1-10. Traitements de recuit recommandés pour les aciers inoxydables martensitiques.

1.8.2 Soudage des aciers ferritiques chromeux

Les *aciers ferritiques chromeux* renferment de 10,5 à 30 % de chrome. Les alliages corroyés se composent de 0,08 à 0,2 % de carbone, tandis que les aciers moulés contiennent jusqu'à 0,5 % de carbone. L'ajout d'aluminium (Al), de molybdène (Mo), de titane (Ti) ou de columbium (Cb) permet de stabiliser la teneur en ferrite. Ces alliages figurent également dans la série 400 ou 4XX des aciers inoxydables, comme le montre la figure 1-11.

Ces aciers peuvent être soudés avec les procédés de soudage à l'arc. Les aciers inoxydables ferritiques de type 409 et 430 se soudent avec le métal d'apport de type 409 ou 430. Le métal d'apport de type 409 est uniquement disponible sous forme de fil fourré. On retrouve par contre le métal d'apport de type 430 sous forme d'électrodes enrobées, de fil fourré ou solide et de baguettes de soudage.

Alliage	C	Mn	Si	Cr	Ni	P	S	Autres éléments
405	0,08	1,00	1,00	11,5-14,5		0,04	0,03	0,10 - 0,30 Al
409	0,08	1,00	1,00	10,5-11,75		0,045	0,045	Ti - 6 x C% minimum
429	0,12	1,00	1,00	14,0-16,0		0,04	0,03	
430	0,12	1,00	1,00	16,0-18,0		0,04	0,03	
434	0,12	1,00	1,00	16,0-18,0		0,04	0,03	0,75 à 1,25 Mo
436	0,12	1,00	1,00	16,0-18,0		0,04	0,03	0,75 à 1,25 Mo; (Cb + Ta) = 5 x C%
442	0,20	1,00	1,00	18,0-23,0		0,04	0,03	
444	0,025	1,00	1,00	17,5-19,5	1,00	0,04	0,03	1,75 à 2,5 Mo; 0,035 N maximum; (Cb + Ta) minimum = 0,2 + 4(C% + N%)
446	0,20	1,50	1,00	23,0-27,0		0,04	0,03	0,25 N
26-1	0,06	0,75	0,75	25,0-27,0	0,50	0,04	0,02	0,75 à 1,50 Mo; 0,2 à 1,0 Ti; 0,04 N; 0,20 Cu
29-4	0,010	0,30	0,20	28,0-30,0	0,15	0,025	0,02	3,5 à 4,2 Mo; 0,020 N; 0,15 Cu
29-4-2	0,010	0,30	0,20	28,0-30,0	2,0-2,5	0,025	0,020	3,5 à 4,2 Mo; 0,020 N; 0,15 Cu
*CB-30	0,30	1,00	1,50	18,0-21,0	2,0	0,04	0,04	
*CC-50	0,50	1,00	1,50	26,0-30,0	4,0	0,04	0,04	

*CB et CC désignent des alliages moulés.
N = Azote (aide à la formation d'austénite)

Figure 1-11. *Pourcentages maximaux des éléments composant les aciers inoxydables ferritiques.*

Le préchauffage n'est pas requis, sauf pour les aciers de type 430, 434, 442 et 446. Comme ces alliages renferment des concentrations élevées de carbone et de chrome, ils sont enclins à la fissuration.

Dans le cas de soudures ferritiques, la zone affectée thermiquement est sujette à la croissance du grain, une réaction qui diminue la solidité de l'acier. Cet effet sera plus ou moins prononcé selon la température maximale atteinte et la durée pendant laquelle cette température est maintenue. Pour réduire cet effet, il faut sélectionner une tension et un courant de soudage moins élevés et opter pour un petit bain de fusion et une vitesse de déplacement maximale.

On utilise parfois un préchauffage de 150 à 230 °C (300 à 450 °F) pour éliminer la fissuration et les contraintes. Le traitement interpasse, exécuté à la température de préchauffage ou légèrement au-dessus, permet de minimiser les risques de croissance du grain. Lors du postchauffage, l'acier doit atteindre une température de 700 °C (1300 °F) à 840 °C (1550 °F), avant de refroidir rapidement jusqu'à une température sise entre 540 °C (1000 °F) et 370 °C (700 °F).

Il existe plusieurs électrodes pour le soudage des aciers ferritiques chromeux. Si vous choisissez une électrode austénitique pour souder un acier inoxydable chromeux, celle-ci doit contenir un pourcentage de chrome plus élevé que le métal de base afin de compenser toute dilution de chrome dans la soudure. L'électrode de type E309 est couramment utilisée.

Dans le cas du soudage à l'arc sous gaz avec électrode de tungstène, vous devez utiliser des métaux d'apport compatibles et de l'hélium, de l'argon ou un mélange des deux comme gaz de protection. Plusieurs méthodes de transfert du métal peuvent servir au soudage sous gaz avec fil plein de ces aciers. Le gaz de protection recommandé pour la fusion en pluie est l'argon (Ar) avec 1 % d'oxygène (O_2). Pour la méthode de transfert par courts-circuits, il faut plutôt utiliser un mélange d'hélium et d'argon avec 2,5 % de bioxyde de carbone (CO_2).

1.8.3 Soudage des aciers inoxydables austénitiques

Les *aciers inoxydables austénitiques* contiennent de 16 à 30 % de chrome, 3 à 37 % de nickel, 2 % de manganèse et de faibles quantités de silicium (Si), de phosphore (P), de soufre (S) et d'autres éléments. La teneur en carbone des aciers inoxydables austénitiques corroyés varie de 0,03 à 0,25 %, comme l'illustre la figure 1-12. Ces alliages sont très solides et offrent une excellente résistance à la corrosion à des températures basses ou élevées. Les aciers inoxydables austénitiques de la série 300 se composent de 18 % de chrome (Cr) et de 8 % de nickel (Ni).

Alliage	C	Mn	Si	Cr	Ni	P	S	Autres éléments
201	0,15	5,5-7,5	1,00	16,0-18,0	3,5-5,5	0,06	0,03	0,25N
202	0,15	7,5-10,0	1,00	17,0-19,0	4,0-6,0	0,06	0,03	0,25N
301	0,15	2,00	1,00	16,0-18,0	6,0-8,0	0,045	0,03	
302	0,15	2,00	1,00	17,0-19,0	8,0-10,0	0,045	0,03	
302B	0,15	2,00	2,0-3,0	17,0-19,0	8,0-10,0	0,045	0,03	
303	0,15	2,00	1,00	17,0-19,0	8,0-10,0	0,20	0,15 minimum	0-0,06 Mo
303Se	0,15	2,00	1,00	17,0-19,0	8,0-10,0	0,20	0,06	0,15 Se minimum
304	0,08	2,00	1,00	18,0-20,0	8,0-10,5	0,045	0,03	
304L	0,03	2,00	1,00	18,0-20,0	8,0-12,0	0,045	0,03	
305	0,12	2,00	1,00	17,0-19,0	10,5-13,0	0,045	0,03	
308	0,08	2,00	1,00	19,0-21,0	10,0-12,0	0,045	0,03	
309	0,20	2,00	1,00	22,0-24,0	12,0-15,0	0,045	0,03	
309S	0,08	2,00	1,00	22,0-24,0	12,0-15,0	0,045	0,03	
310	0,25	2,00	1,50	24,1-26,0	19,0-22,0	0,045	0,03	
310S	0,08	2,00	1,50	24,0-26,0	19,0-22,0	0,045	0,03	
314	0,25	2,00	1,50-3,0	23,0-26,0	19,0-22,0	0,045	0,03	
316	0,08	2,00	1,00	16,0-18,0	10,0-14,0	0,045	0,03	2,0-3,0 Mo
316L	0,03	2,00	1,00	16,0-18,0	10,0-14,0	0,045	0,03	2,0-3,0 Mo
317	0,08	2,00	1,00	18,0-20,0	11,0-15,0	0,045	0,03	3,0-4,0 Mo
317L	0,03	2,00	1,00	18,0-20,0	11,0-15,0	0,045	0,03	3,0-4,0 Mo
321	0,08	2,00	1,00	17,0-19,0	9,0-12,0	0,045	0,03	Ti - 5xC% minimum
329	0,10	2,00	1,00	25,0-30,0	3,0-6,0	0,045	0,03	1,0-2,0 Mo
330	0,08	2,00	0,75-1,5	17,0-20,0	34,0-37,0	0,04	0,03	
347	0,08	2,00	1,00	17,0-19,0	9,0-13,0	0,045	0,03	
348	0,08	2,00	1,00	17,0-19,0	9,0-13,0	0,045	0,03	0,2 Cu; (Cb+ta) = 10xC% (Ta - 0,1 % max.)
384	0,08	2,00	1,00	15,0-17,0	17,0-19,0	0,045	0,03	

Figure 1-12. Composition chimique des aciers inoxydables austénitiques.

Tous les procédés de soudage à l'arc permettent de souder les aciers inoxydables austénitiques. La figure 1-13 énumère les métaux d'apport recommandés pour le soudage des aciers inoxydables austénitiques corroyés ou moulés (3XX). Toute dérogation à utiliser le bon type d'électrode, traitement thermique ou mode opératoire de soudage nuira à la qualité de la microstructure métallurgique des soudures et de la zone affectée thermiquement. Une corrosion intergranulaire et des changements dans les microstructures du grain peuvent se produire. Le soudage d'aciers inoxydables austénitiques nécessite des vérifications et des essais de qualification stricts.

1.8.4 Soudage des aciers inoxydables à durcissement par précipitation

La résistance des *aciers inoxydables à durcissement par précipitation* se développe au cours des traitements thermiques. En chimie, le terme *précipitation* signifie séparer un solide ou la phase solide d'un matériau d'une substance liquide. Le durcissement par précipitation se produit lorsque la martensite se sépare de l'acier liquide. On compte trois types d'aciers à durcissement par précipitation : les martensitiques (types 17-4 PH et 15-5 PH), les semi-austénitiques (types 17-7 PH, PH 15-7 Mo et AM 350) et les austénitiques (types A-286 et 17-10 P).

Ces aciers peuvent être soudés avec tous les procédés de soudage à l'arc. La soudabilité de ces aciers dépend du type de joints et des conditions utilisées lors du soudage. La composition du métal d'apport doit être identique au métal de base, sauf pour le soudage des aciers à durcissement par précipitation austénitiques, qui requièrent un métal d'apport au nickel. Les électrodes d'acier inoxydable austénitiques de type 308, 309 ou 310 permettent de souder un acier inoxydable à durcissement par précipitation à un autre ou lorsqu'une résistance élevée n'est pas requise.

Type d'acier inoxydable		Métaux d'apport recommandés		
Corroyé	Moulé[a]	Procédé SMAW[b]	Procédés GMAW, GTAW, PAW ou SAW	Procédés FCAW[4]
201 202	—	E209 E219 E308	ER209 ER219 ER308	E308T-X
301 302 304 305	CF-20 CF-8	E308	ER308	E308T-X
304L	CF-3	E308L E347	ER308L ER347	E308LT-X E347T-X
309	CH-20	E309	ER309	E309T-X
309S	—	E309L E309Cb	ER309L	E309LT-X E309CbLT-X
310 314	CK-20	E310	ER310	E310T-X
310S	—	E310 E310Cb	ER310	E310T-X
316	CF-8M	E316	ER316	E316T-X
316L	CF-3M	E316L	ER316L	E316LT-X
316H	CF-12M	E16-8-2 E316H	ER16-8-2 ER316H	E316T-X
317	—	E317	ER317	E317LT-X
317L	—	E317L	ER317L	E317LT-X
321	—	E308L E347	ER321	E308LT-X E347T-X
330	HT	E330	ER330	—
347	CF-8C	E308L E347	ER347	E308LT-X E347T-X
348	—	E347	ER347	E347T-X

a. Il existe différents grades de résistance à la chaleur pour les fontes de composition correspondante mais plus riches en carbone. Ces fontes sont identifiées par la lettre H (par exemple, HF, HH et HK). Les électrodes standard utilisées pour les fontes anticorrosion à plus faible teneur en carbone peuvent également souder ces versions plus riches en carbone.
b. Électrodes enrobées pour le soudage à l'arc avec électrode (procédé SMAW).
c. Électrodes ou baguettes de métal d'apport pour le soudage à l'arc sous gaz avec fil plein (procédé GMAW), le soudage à l'arc sous gaz avec électrode de tungstène (procédé GTAW), le soudage plasma (procédé PAW) et le soudage à l'arc submergé (procédé SAW).
d. Électrodes tubulaires pour le soudage à l'arc avec fil fourré (procédé FCAW). Les suffixes possibles sont -1, -2 ou -3.
e. Le suffixe L identifie une électrode à faible teneur en carbone.

Figure 1-13. Métaux d'apport recommandés pour le soudage d'aciers inoxydables austénitiques corroyés et moulés. Un suffixe -15 ou -16 placé à la fin d'une désignation d'électrode spécifie les courants de soudage à utiliser. Ces deux suffixes identifient des électrodes à faible teneur en hydrogène.

Un postchauffage, incluant un traitement thermique de mise en solution suivi d'un procédé de vieillissement, permet d'optimiser les propriétés mécaniques et la résistance à la corrosion du métal. En général, seul le procédé de vieillissement est requis.

Dans le cas du soudage à l'arc sous gaz avec électrode de tungstène, il faut employer de l'argon. L'hélium (He) ou un mélange d'hélium et d'argon sont idéaux pour le soudage à l'arc sous gaz avec fil plein automatique, en raison du débit de chaleur plus élevé et de la pénétration supérieure de l'hélium. Lors du soudage, la base de la soudure doit être protégée de la contamination avec un gaz inerte.

Pour le soudage à l'arc sous gaz avec fil plein, on peut également utiliser de l'argon avec 1 à 2 % d'oxygène pour produire un meilleur débit de chaleur sur les soudures. En position à plat, il est préférable d'opter pour la méthode de fusion en pluie. La méthode de transfert par courts-circuits convient mieux aux autres positions.

1.9 Soudage de métaux ferreux dissemblables

Nombre d'assemblages en fer et en acier requièrent le soudage de métaux de compositions dissemblables. Citons entre autres le soudage d'aciers inoxydables à des aciers doux, le soudage d'aciers doux à des aciers faiblement alliés et le soudage d'aciers au nickel à des aciers inoxydables.

Comme toujours, il faut connaître la composition et les propriétés de chaque métal. Pendant le soudage, la composition de l'électrode ou du métal d'apport change lors du mélange et de la dilution des différents éléments d'alliage contenus dans chaque métal de base. Il importe donc de choisir le meilleur métal d'apport possible pour la tâche à accomplir et d'évaluer les caractéristiques de l'alliage résultant, afin d'obtenir des soudures d'une résistance au moins égale à celle du métal de base le plus faible.

En outre, les paramètres de soudage doivent être contrôlés pour obtenir un métal soudé solidifié conforme aux exigences physiques et chimiques. L'électrode ou le métal d'apport doit être soigneusement choisi pour créer un mélange adéquat avec les métaux de base soudés et ainsi produire des soudures de qualité. L'un des facteurs d'importance demeure le contrôle de la dilution des soudures et de la zone de soudure. Afin de minimiser la dilution, il faut souvent maintenir un petit bain de fusion et utiliser des passes de soudure multiples au lieu d'une passe unique plus large pour remplir un joint.

Si la différence entre les températures de fusion des métaux dissemblables n'excède pas 95 °C (200 °F), vous pouvez suivre des modes opératoires de soudage normaux puisque les difficultés demeurent marginales. Par contre, des métaux dont l'écart entre les températures de fusion dépasse cette limite seront plus difficiles à souder. Il faut parfois recourir au *beurrage*, un procédé qui consiste à souder une couche d'un métal tiers de température de fusion intermédiaire sur la surface du métal dont la température de fusion est la plus élevée. La couche intermédiaire du beurrage permet ainsi de rapprocher les températures de fusion des différents métaux et de faciliter leur soudage.

Si l'un des métaux requiert un préchauffage, il doit être préchauffé séparément et isolé de l'autre pièce. Le postchauffage de métaux dissemblables peut également présenter des difficultés si une pièce requiert un traitement différent de l'autre métal.

Une autre solution pour souder des métaux dissemblables consiste à les braser. Le brasage peut être exécuté à des températures qui permettront d'éviter la fusion de l'une ou l'autre des parties du joint. Si aucun des métaux de base ne fond, on peut alors éluder les problèmes liés à la dilution et au mélange des deux métaux. Toutefois, le brasage risque de créer des joints moins résistants que si l'on utilisait un procédé de soudage.

1.10 Soudage des fontes

La fonte contient de 1,7 à 4,5 % de carbone, ce qui rend ce métal cassant. Il existe quatre types de fontes :
- La fonte grise
- La fonte blanche
- La fonte malléable
- La fonte ductile

Toutes les fontes sont difficiles à souder en raison de leur forte teneur en carbone. Un contrôle précis des températures de soudage et de la vitesse de refroidissement est essentiel pour éviter la formation de microstructures parasites dans le métal. Des carbures métalliques tendent à se former aux bornes des soudures, de même que de la martensite riche en carbone, deux composés fragiles offrant très peu de résistance. Le soudage produit également de fortes contraintes dans ce métal cassant, quoique la fonte ductile et la fonte malléable demeurent plus *ductiles*, donc moins cassantes et plus faciles à souder.

La fonte grise, fragile et peu ductile, doit être refroidie lentement. Des lamelles de graphite se forment sur ce métal à mesure qu'il refroidit. Une pièce fracturée de cette fonte montre une couleur grise.

La fonte grise peut être soudée à l'arc avec des électrodes de nickel ou d'alliage de nickel comme les types ENi-CI, ENiFe-CI, ENiFeMn-CI, ERNi-CI ou ERNiFeMn-CI. Le nickel contenu dans le métal d'apport permet aux soudures de bouger pour bien « prendre place » après le soudage, ce qui réduit les contraintes et prévient la fissuration. Les métaux d'apport nickélifères facilitent également l'usinage des pièces soudées. On peut aussi utiliser un métal d'apport de fer pur à faible teneur en carbone. Ce type de métal d'apport permet de diluer le carbone du métal de base dans la zone soudée pour créer un produit final moins cassant. La spécification AWS A5.15 définit les électrodes à utiliser pour la fonte et leurs usages recommandés. Notez qu'on peut également braser de la fonte grise.

La fonte blanche est produite lorsqu'on laisse refroidir de la fonte très rapidement, ce qui emprisonne le contenu élevé en carbone à travers l'ensemble de la microstructure. Pour cette raison, la fonte blanche est très cassante, d'une ductilité à peu près nulle et impossible à souder. Une pièce fracturée de cette fonte possède une couleur blanche.

Le préchauffage d'une fonte produit des vitesses de refroidissement plus lentes. De même, le postchauffage réduira la vitesse de refroidissement et par conséquent la dureté des soudures et de la zone affectée thermiquement. La figure 1-14 énumère les températures de préchauffage et de traitement interpasse recommandées pour le soudage des fontes. La figure 1-15 illustre comment le préchauffage, le chauffage interpasse et le postchauffage peuvent minimiser les contraintes et les risques de fissuration du métal de base et des pièces soudées.

La fonte malléable est créée en appliquant des traitements thermiques sur du fer blanc. Ces traitements thermiques forment des nodules ou sphéroïdes de graphite pour produire ce qu'on appelle du *carbone de recuit*, un produit qui rend le métal résultant plus ductile.

La fonte malléable peut être soudée avec un métal d'apport ou des électrodes en alliage de nickel, comme les types ENi-CI ou ENi-CI-A. Consultez la figure 1-14 pour les températures de préchauffage et de traitement interpasse recommandées.

La fonte ductile est similaire à la fonte grise, mais renferme des sphéroïdes de graphite plutôt que du graphite lamellaire, ce qui lui confère une plus grande ductilité. L'ajout de magnésium (Mg) facilite la formation de graphite sphéroïdal.

Le soudage de fonte ductile implique l'utilisation d'électrodes en alliage de nickel comme le modèle ENi-1 ou d'électrodes en acier au carbone comme le type E70S-2. Il faut utiliser un procédé de soudage qui minimise le débit de chaleur sur le métal pour éviter de vaporiser et de perdre le magnésium. Une perte de magnésium produira des lamelles de graphite dans la zone de soudage et donc des soudures de fonte grise plus cassantes et peu ductiles. Revoyez la figure 1-14 pour les températures de préchauffage et de traitement interpasse.

La préparation de la fonte pour le soudage est identique à celle de l'acier. Les surfaces de chaque côté du joint doivent être nettoyées, voire meulées ou usinées pour le soudage sur préparation. Pour le soudobrasage, il faut enlever les poussières et les particules de graphite pour garantir de meilleurs résultats.

La figure 1-16 illustre des méthodes permettant de renforcer des joints de fonte. On peut également utiliser des supports à l'envers pour immobiliser les pièces lors du soudage, comme le montre la figure 1-17.

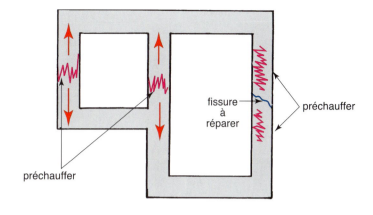

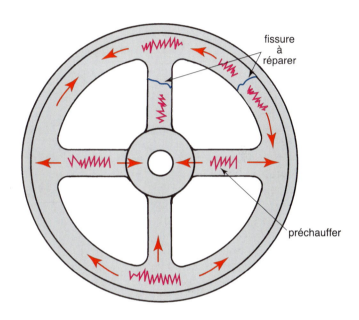

Figure 1-15. Le préchauffage local de pièces de fonte permet de minimiser les contraintes, de ralentir la vitesse de refroidissement et d'éliminer la fissuration.

Type de fonte	Type de microstructure	Procédé de soudage			
		À l'arc		Oxyacétylénique	
		°F	°C	°F	°C
Grise	—	70-600	21-315	800-1200	430-650
Malléable	Ferritique	70-300	21-150	800-1200	430-650
Malléable	Perlitique	70-600	21-315	800-1200	430-650
Ductile	Ferritique	70-300	21-150	400-1200	200-650
Ductile	Perlitique	70-600	21-315	400-1200	200-650

Figure 1-14. Températures de préchauffage et de chauffage interpasse recommandées pour le soudage de fontes.

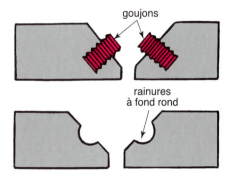

Figure 1-16. Méthodes pour renforcer un joint de fonte avant le soudage.

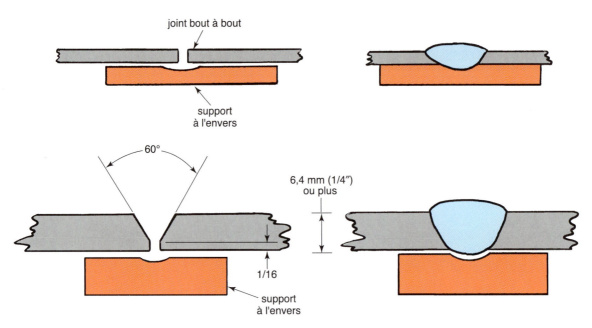

Figure 1-17. Conception de joints de fonte. L'utilisation de supports à l'envers pour chaque soudure permet de mieux contrôler la pénétration.

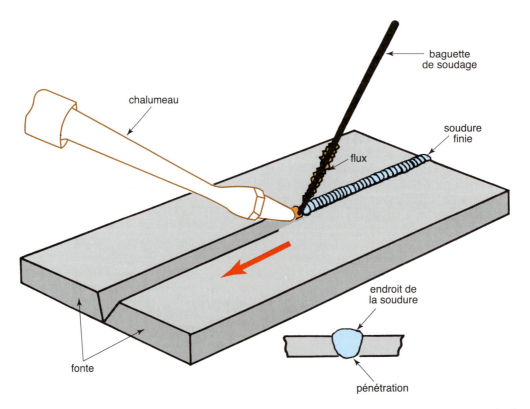

Figure 1-18. Soudage oxygaz de fonte. Notez l'emploi de la technique de soudage en arrière pour souder les sections plus épaisses.

1.10.1 Soudage oxygaz de fontes

La taille de buse à utiliser pour souder de la fonte est la même que celle employée pour le soudage d'acier de même épaisseur. Il faut également une flamme neutre, un flux et une baguette de soudage de la taille appropriée. Les baguettes de type RCI et RCI-A conviennent bien au soudage oxygaz.

La technique de soudage en arrière est habituellement préférée pour souder les fontes, puisqu'elle ralentit la vitesse de refroidissement et réduit les contraintes. Il faut prendre soin de tenir le chalumeau à un angle de 60° et d'éviter que le dard de la flamme ne touche le métal.

La baguette de soudage doit être enduite d'un flux approprié, pour que ce dernier pénètre les soudures lors de la fonte de la baguette. En outre, le flux doit être récent, propre et exempt d'humidité.

Le soudage de fontes produit un bain de fusion peu liquide. Il importe de bien travailler les poches de gaz et les oxydes à la surface des soudures, en remuant constamment le bain de fusion avec la baguette de soudage. Les oxydes et gaz seront ainsi éliminés par le flux. Un mouvement oscillant du chalumeau et de la baguette de soudage est également recommandé pour assurer une bonne pénétration et un léger renflement. La figure 1-18 illustre le soudage de fonte par procédé oxygaz. Notez l'utilisation de la technique de soudage en arrière et de quelle façon le flux est ajouté à la baguette.

Le procédé oxygaz peut également servir au brasage et au soudobrasage des fontes.

Testez vos connaissances

1. Qu'entend-on par *métal ferreux* ou *alliage ferreux*?

2. Nommez trois aciers alliés populaires.

3. Les aciers faiblement alliés contiennent moins de _____ % d'éléments d'alliage et sont de _____ % à _____ % plus résistants que l'acier au carbone ordinaire.

4. Comment la composition chimique d'une électrode est-elle désignée?

5. Quelles lettres identifient une électrode au molybdène? Quelles lettres identifient une électrode au chrome-molybdène?

6. Nommez trois catégories d'aciers inoxydables et donnez un exemple de chaque type.

7. Énumérez quatre types d'électrodes utilisées pour le soudage d'acier inoxydable. Parmi vos choix, vous devez inclure une électrode à faible teneur en carbone et une électrode pour le soudage à l'arc sous gaz avec fil plein.

8. Pour le soudage d'acier inoxydable, il faut choisir une longueur d'arc _____ afin de minimiser la perte de chrome.

9. Quelle est la différence chimique entre les aciers inoxydables 304 et 304L? Référez-vous à la figure 1-12.

10. Un acier inoxydable couramment utilisé en industrie est parfois désigné d'acier inoxydable 18-8. Cet acier, qui contient 18 % de chrome et 8 % de nickel, est un acier inoxydable de type _____. Référez-vous aux figures 1-8, 1-11 et 1-12.

11. À quoi servent les alliages de nickel?

12. Quel type de traitement thermique utilise-t-on sur de l'acier d'outillage après le soudage?

13. Les aciers maraging contiennent de _____ quantités de carbone et offrent une résistance _____.

14. Pourquoi l'acier maraging subit-il un procédé de vieillissement?

15. À quel problème doit-on faire face lors du soudage d'aciers revêtus?

16. Comment peut-on augmenter la résistance d'une soudure sur chanfrein de fonte?

17. Donnez deux exemples d'électrodes utilisées pour souder de la fonte.

18. Pourquoi faut-il préchauffer une fonte avant de la souder?

19. À quelle température doit-on préchauffer de la fonte grise avant un soudage à l'arc avec électrode enrobée?

20. Quelle technique de soudage (en arrière ou en avant) doit-on utiliser pour le soudage oxygaz de fontes?

Chapitre 2
Applications spéciales de soudage des métaux non ferreux

Objectifs pédagogiques

Après l'étude de ce chapitre, vous pourrez :
* Décrire un métal et un alliage non ferreux.
* Préparer et souder à l'arc de l'aluminium corroyé ou moulé.
* Expliquer comment préparer et souder un métal moulé sous pression avec le procédé oxygaz.
* Décrire comment préparer et souder du cuivre, du bronze, du titane et d'autres métaux non ferreux avec le procédé de soudage à l'arc sous gaz avec électrode de tungstène.
* Nommer et identifier les équipements requis pour souder du plastique.
* Décrire comment réaliser des soudures de qualité sur du plastique.

Pour plus de concision, nous avons retenu les termes suivants :
SMAW : soudage à l'arc avec électrode enrobée
GTAW : soudage à l'arc sous gaz avec électrode de tungstène (TIG)
GMAW : soudage à l'arc sous gaz avec fil plein (MIG/MAG)
FCAW : soudage à l'arc avec fil fourré

Au chapitre 1, nous avons étudié le soudage des alliages ferreux et appris que la grande majorité des métaux peuvent être soudés. Le présent chapitre, quant à lui, porte sur le soudage des métaux et alliages non ferreux. Comme les éléments d'alliage, les métaux et alliages non ferreux ne contiennent que de faibles quantités de fer.

Certaines applications spéciales de soudage employées sur les métaux et alliages non ferreux nécessitent des traitements de préchauffage et de postchauffage. Consultez le chapitre 5 pour de plus amples informations sur ces traitements thermiques.

Il existe aujourd'hui de nombreux types de plastiques industriels, dont certains peuvent être soudés. Ce chapitre explique également comment souder ces plastiques.

2.1 Métaux et alliages non ferreux

Les deux grandes catégories de métaux sont :
* Les métaux ferreux
* Les métaux non ferreux

Les métaux ferreux renferment des quantités substantielles de fer. Par contre, la classe des métaux non ferreux regroupe tous les métaux à faible teneur en fer. Parmi les nombreux métaux non ferreux, on retrouve les exemples populaires suivants :
* L'aluminium et ses alliages
* La magnésium et ses alliages
* Le cuivre et ses alliages
* Le titane et ses alliages
* Le zirconium et ses alliages
* Le plomb et ses alliages
* Le zinc et ses alliages
* Le béryllium et ses alliages

2.2 Aluminium

L'aluminium figure parmi les métaux les plus répandus. Toutes les méthodes conventionnelles courantes permettent de le souder et de le façonner sous une multitude de formes.

L'aluminium est un métal léger d'une grande résistance. Il convient à merveille aux applications à basse température et offre une bonne résistance à la corrosion.

L'aluminium disponible commercialement peut être pur ou allié à de nombreux autres métaux. On peut l'obtenir sous plusieurs formes : laminé, estampé, étiré, extrudé, forgé ou moulé. À l'exception de l'*aluminium moulé*, tous les types d'aluminium sont qualifiés d'*aluminium corroyé*. Les formes les plus courantes sont les plaques, les feuilles, les produits laminés, les produits extrudés et les tuyaux d'aluminium.

L'*Aluminum Association* regroupe les alliages d'aluminium en catégories distinctes, numérotées avec trois ou quatre chiffres. Les codes à trois chiffres se divisent en sept classifications (0XX à 7XX) et désignent des alliages moulés, tandis que les codes à quatre chiffres, qui comptent sept classes (1XXX à 8XXX), identifient des alliages corroyés. La figure 2-1 énumère les catégories d'aluminium corroyé.

Désignation de groupe d'alliage (Aluminum Association)	Élément d'alliage principal	Exemple	Traitements thermiques possibles
1XXX	au moins 99 % d'aluminium	1100	non
2XXX	cuivre	2024	oui
3XXX	manganèse	3003	non
4XXX	silicium	4043	oui
5XXX	magnésium	5052	non
6XXX	magnésium et silicium	6061	oui
7XXX	zinc	7075	oui
8XXX	autres	—	—

Figure 2-1. *Désignations des alliages d'aluminium, leurs principaux éléments d'alliage et les traitements thermiques possibles.*

2.3 Préparation de l'aluminium avant le soudage

Les deux principales formes d'aluminium, à savoir les alliages moulés et corroyés, utilisent des modes opératoires de soudage similaires, mis à part quelques différences. Certaines caractéristiques de l'aluminium compliquent toutefois son soudage :
- La facilité de l'aluminium à s'oxyder à des températures élevées.
- Le fait que l'aluminium fond avant de changer de couleur.
- L'oxyde fond à une température beaucoup plus élevée que le métal.
- L'oxyde est plus dense que le métal.

En dépit de ces difficultés, les pièces d'aluminium soudées offrent une excellente résistance et une bonne ductilité. Le choix d'un métal d'apport, lorsque requis, doit être assorti à la composition de l'aluminium. La figure 2-2 énumère les caractéristiques physiques de plusieurs métaux d'apport utilisés pour souder différentes combinaisons de métaux de base. À partir de cette table, le soudeur peut sélectionner le meilleur métal d'apport selon la caractéristique physique la plus importante recherchée pour l'assemblage fini. Le soudeur doit toutefois connaître la composition des alliages à souder avant de choisir le métal d'apport à utiliser.

Avant d'être soudé, le métal doit être nettoyé avec une laine d'acier ou une brosse propre d'acier inoxydable, sinon trempé dans une solution chimique de nettoyage et rincé à l'eau. **Suivez toutes les mesures de sécurité d'usage lorsque vous devez utiliser des solutions de nettoyage.**

Un autre problème lié au soudage de l'aluminium et qui ne se produit pas lors du soudage des métaux et alliages ferreux est une caractéristique appelée la *fragilité à chaud*. Lorsque l'aluminium chauffé approche sa température de fusion, il perd soudainement sa résistance. Le bain de fusion et la zone autour de celui-ci peuvent alors s'affaisser et laisser un trou béant dans le métal. La section 2.3.1 traite de la fragilité à chaud plus en détail.

Le soudeur doit obtenir les mêmes résultats en soudant de l'aluminium que lors du soudage de l'acier, à savoir :
- Une bonne fusion
- Une bonne pénétration
- Des soudures droites
- Une surépaisseur sur les joints
- Aucune imperfection

Pour le soudage d'aluminium avec les procédés oxygaz ou à l'arc avec électrode enrobée, il faut parfois préchauffer le métal de base. Le préchauffage est d'ailleurs requis pour souder des pièces épaisses, car l'aluminium dissipe la chaleur hors de la zone de soudage trop rapidement. La température de préchauffage recommandée varie entre 150 et 200 °C (300 et 400 °F).

Le préchauffage n'est pas nécessaire pour souder de l'aluminium avec les procédés de soudage à l'arc sous gaz avec fil plein (GMAW) ou électrode de tungstène (GTAW). Par ailleurs, il faut normalement procéder au pointage des pièces d'aluminium avant de les souder pour éviter toute déformation dans la zone de soudure. En effet, l'aluminium s'allonge et se contracte davantage que les autres métaux lorsqu'il est chauffé et qu'il se refroidit ensuite à la température ambiante.

Toutefois, des points de soudure ne suffisent pas toujours à empêcher l'expansion et la contraction du métal d'affecter la configuration finale des joints. En général, le pointage des pièces doit être bien calculé pour obtenir l'orientation voulue de l'assemblage fini après le soudage. La figure 2-3 illustre comment positionner des points de soudure sur des pièces afin de compenser la contraction du soudage. Cette technique peut également servir pour le soudage de tout autre métal.

2.3.1 Fragilité à chaud

L'aluminium peut nécessiter un support avant, durant et immédiatement après le soudage. Ce support est particulièrement important pour réussir de larges cordons de soudure sur des feuilles ou tôles minces. Comme d'autres métaux non ferreux, l'aluminium est sujet à une condition particulière appelée *fragilité à chaud*, pendant laquelle le métal perd l'essentiel de sa force et de sa résistance près du point de fusion. La fragilité à chaud peut causer l'effondrement du bain de fusion et de sa zone environnante et créer un grand trou dans le métal de base. Toutefois, ce problème particulier se limite normalement aux soudures traversées. Pour éviter tout risque d'effondrement, il faut alors supporter l'aluminium pendant le soudage avec des supports à l'envers, habituellement faits d'acier inoxydable. Si de tels supports ne sont pas disponibles, il faut alors opter pour un petit bain de fusion. Les supports ne sont pas requis dans le cas de soudures qui ne traversent pas complètement le métal.

2.3.2 Utilisation d'un support à l'envers

En soudage, le terme *pénétration* désigne du métal qui s'étend au-delà du côté opposé à un cordon de soudure.

Alliages de base		1060 1350	1100	2014 2036	2219	3003 ALCLAD 3003	3004	ALCLAD 3004	5005 5050	5052 5652	5083 5456	5086 5356	514.0, A514.0 B514.0, F514.0 5154, 5254	5454	6005, 6063 6101, 6151 6201, 6351 6951	6061 6070	7005, 7021 7039, 7046 7146, A712.0 C712.0	413.0, 443.0 444.0, 356.0 A356.0, A357.0 359.0	319.0, 333.0 354.0, 355.0 C355.0, 380.0	
Caractéristiques / Alliages d'apport		S R D C T A	S R D C T A	S R D C T A	S R D C T A	S R D C T A	S R D C T A	S R D C T A	S R D C T A	S R D C T A	S R D C T A	S R D C T A	S R D C T A	S R D C T A	S R D C T A	S R D C T A	S R D C T A	S R D C T A	S R D C T A	
319.0 333.0 354.0 355.0 C355.0 380.0	2319			BAAAAA	BAAAAA														BAAAAA	2319
	4043	BAAAAA	BAAAAA	CCBCAA	CCBCAA	BBAAAA	BBAAAA	BBAAAA	BBAAAA	AAAAAA	AAAA A	AAAA A	AAAA A	AAAAAA	BBAAAA	BBAAAA	BBAAAA	BBAAAA		4043
	4145	AABAAA	AABAAA	ABCBAA	ABCBAA	AABAAA	AABAAA	AABAAA	AABAAA						AABAAA	AABAAA	AABAAA	AABAAA	ABBBAA	4145
413.0 443.0 444.0 356.0 A356.0 A357.0 359.0	4043	AAAAAA	AAAAAA	BBAAAA	BBAAAA	AAAAAA	AAAAAA	AAAAAA	AAAAAA	ABAAAA	ABBA A	ABBA A	ABBA A	ABBAAA	ABAAAA	ABAAAA	ABBAAA	ABAAAA	4043	
	4145	AABBA	AABBA	AABAA	AABAA	AABBA									AABBA	AABBA	AABBA	AABBA	4145	
	5356									BABB A	AAAA A	AAAA A	AAAB A	AAAB A			AAAA B		5356	
7005, 7021 7039, 7046 7146, A712.0 C712.0	4043	AACAA	AACAA	BBAAA	BBAAA	ABCAA	ADCBA	ADCBA	ABCBA	BDCBA					ADCBA	ADCBA	BDCBA	4043		
	4145			ABAA	AABAA													4145		
	5183	BABA A	BABA A			BABA A	BABA A	BABA A	BABA A	AABA A	AABA A	AABA A	AABA A	AABA A	AABA A	AABA A	AABA A	5183		
	5356	BAAA A	BAAA A			BAAA A	BBAA A	BBAA A	BAAA A	ABAA A	ABAA A	ABAA A	ABAA A	ABAA A	ABAA A	ABAA A	ABAAAA	5356		
	5554						CCAAAA	CCAAAA	CAAAAA	BCAAAA			BCAA A	BCAAAA	BCAAAA	BCAAAA	BCAA A	5554		
	5556	BABA A	BABA A			BABA A	BABA A	BABA A	BABA A	AABA A	AABA A	AABA A	AABA A	AABA A	AABA A	AABA A	AABA A	5556		
	5654						CCAA B	CCAA B	CAAA A	BCAA A			BCAA A	BCAA A	BCAA A	BCAA A	BCAA A	5654		
6061 6070	4043	AACAA	AACAA	BBAAA	BBAAA	ABCAA	ADCAA	ADCAA	ABCAA	ADCAA	ADCA	ADCA	ADCA	ADCBA	ACBAA	ACBAA	4043			
	4145	AADBA	AADBA	AABAA	AABAA	AADBA	BCDBA	BCDBA	ABDBA								4145			
	5183	BAB A	BAB A			BAB A	BAB A	BAB A	BAB A	BABC B	AABA A	AABA A	BABC B	BABC A	BAAC A	BAAC B	5183			
	5356	BAA A	BAA A			BAA A	BBA A	BBA A	BAA A	BBAC A	ABAA A	ABAA A	BBAC A	BBAC A	BAAC A	BBAC A	5356			
	5554									CCABAB	BCAA A	BCAA A	CCAB B	CCAAAA	CBABBA	CBABBB	5554			
	5556	BAB A	BAB A			BAB A	BAB A	BAB A	BAB A	BABC B	AABA A	AABA A	BABC B	BABC A	BAAC A	BAAC B	5556			
	5654									CCAB A	BCAA B	BCAA B	CCAB A	CCAB B	CBAB B	CBAB B	5654			
6005 6063 6101 6151 6201 6351 6951	4043	AACAA	AACAA	BBAAA	BBAAA	ABCAA	ADCAA	ADCAA	ABCAA	ADCAA	ABCA	ABCA	ABCA	ABCBA	ACBAA	4043				
	4145	AADBA	AADBA	AABAA	AABAA	AADBA	BCDBA	BCDBA	ABDBA							4145				
	5183	BAB A	BAB A			BAB A	BAB A	BAB A	BAB A	BABC B	AABA A	AABA A	BABC A	BABC A	BAAC A	5183				
	5356	BAA A	BAA A			BAA A	BBA A	BBA A	BAA A	BBAC A	AAAA A	AAAA A	BAAC A	BAAC A	BAAC A	5356				
	5554									CCABAB	BAAA A	BAAA A	CAAB A	CAAAAA	CBABBA	5554				
	5556	BAB A	BAB A			BAB A	BAB A	BAB A	BAB A	BABC B	AABA A	AABA A	BABC A	BABC A	BAAC A	5556				
	5654									CCAB A	BAAA B	BAAA B	CAAB B	CAAB B	CBAB B	5654				
5454	4043	ABCCA	ABCCA		AAAAA	ABCCA	ADCCA	ADCCA	ABCCA	ADCCA					4043					
	5183	BABB A	BABB A			BABB A	BABB A	BABB A	BABB A	AAAB A	AABB A	AABB A	AABB A	AABB A	5183					
	5356	BAAB A	BAAB A			BAAB A	BBAB A	BBAB A	BAAB A	ABAB A	ABAB A	ABAB A	ABAB A	ABAB A	5356					
	5554	CAAAAA	CAAAAA			CAAAAA	CAAAAA	CAAAAA	CCAAAA	CAAAAA	BCAA A	BCAA A	BCAA A	BCAAAA	5554					
	5556	BABB A	BABB A			BABB A	BABB A	BABB A	BABB A	AABB A	AABB A	AABB A	AABB A	AABB A	5556					
	5654									BCAB B			BCAA B	BCAB B	5654					
514.0 A514.0 B514.0 F514.0 5154 5254	4043	ABCC	ABCC		AAAA	ABCC	ADCC	ADCC	ABCC	ADCC				4043						
	5183	BABB A	BABB A			BABB A	BABB A	BABB A	BABB A	AABB B	AABA A	AABA A	AABB B	5183						
	5356	BAAB A	BAAB A			BAAB A	BBAB A	BBAB A	BAAB A	ABAB A	ABAA A	ABAA A	ABAB A	5356						
	5554	CAAA A	CAAA A			CAAA A	CCAA A	CCAA A	CAAA A	CCAA B	BCAA A	BCAA A	BCAA B	5554						
	5556	BABB A	BABB A			BABB A	BABB A	BABB A	BABB A	AABB B	AABA A	AABA A	AABB B	5556						
	5654	CAAA B	CAAA B			CAAA B	CCAA B	CCAA B	CAAA B	BCAA A	BCAA B	BCAA B	BCAA A	5654						
5086 5356	4043	ABCB	ABCB		AAAA	ABCB	ACCB	ACCB	ABCB				4043							
	5183	AABA A	AABA A			AABA A	AABA A	AABA A	AABA A	AABA A	AABA A	AABA A	5183							
	5356	AAAA A	AAAA A			AAAA A	ABAA A	ABAA A	AAAA A	ABAA A	ABAA A	ABAA A	5356							
	5554									CCAA A			5554							
	5556	AABA A	AABA A			AABA A	AABA A	AABA A	AABA A	AABA A	AABA A	AABA A	5556							
	5654									BCAA B			5654							
5083 5456	4043	ABCB	ABCB		AAAA	ABCB	ACCB	ACCB	ABCB			4043								
	5183	AABA A	AABA A			AABA A	AABA A	AABA A	AABA A	AABA A	AABA A	5183								
	5356	AAAA A	AAAA A			AAAA A	ABAA A	ABAA A	AAAA A	ABAA A	A AA A	5356								
	5554									CCAA A		5554								
	5556	AABA A	AABA A			AABA A	AABA A	AABA A	AABA A	AABA A	AABA A	5556								
	5654									BCAA B		5654								
5052 5652	4043	ABCAA	ABCAA	AAAAA	AAAAA	ABCAA	ABCAA	ACCAA	ABCAA	ADCBA	4043									
	5183	BAB A	BAB A			BAB A	BAB A	BAB A	BAB A	AABC B	5183									
	5356	BAA A	BAA A			BAA A	BAA A	BBA A	BAA A	ABAC A	5356									
	5554									CCAAAB	5554									
	5556	BAB A	BAB A			BAB A	BAB A	BAB A	BAB A	AABC B	5556									
	5654									BCAB A	5654									
5005 5050	1100	CBAAAA	CBAAAA			CCAAAA			B AAAA	1100										
	4043	AACAA	AACAA	BBAAA	BBAAA	ABCAA	ABCAA	ABCAA	ABDAA	4043										
	4145	BADBA	BADBA	AABAA	AABAA	BBDBA				4145										
	5183	CAB B	CAB B			CABC B	BAB A	BABB A	BAC B	5183										
	5356	CAB B	CAB B			CABC B	BAA A	BAAB A	BAB B	5356										
	5556	CAB B	CAB B			CABC B	BAB A	BABB A	BAC B	5556										
ACALCLAD 3004	1100	DBAAAA	DBAAAA			CCAAAA			1100											
	4043	AACAA	AACAA	BBAAA	BBAAA	ABCAA	ADDAA	ADDAA	4043											
	4145	BADBA	BADBA	AADAA	AABAA	BBDBA			4145											
	5183	CABC B	CABC B			CABC A	BACC A	BACC A	5183											
	5356	CABC B	CABC B			CABC A	BBBC A	BBBC A	5356											
	5554						CCABAA	CCABAA	5554											
	5556	CABC B	CABC B			CABC A	BACC A	BACC A	5556											
3004	1100	DBAAAA	DBAAAA			CCAAAA		1100												
	4043	AACAA	AACAA	BBAAA	BBAAA	ABCAA	ABDAA	4043												
	4145	BADBA	BADBA	AABAA	AABAA	BBDBA		4145												
	5183	CAB B	CAB B			C BC A	BACC A	5183												
	5356	CAB B	CAB B			CABC A	BBBC A	5356												
	5554						CCABAA	5554												
	5556	CAB B	CAB B			C BC A	BACC A	5556												
3003 ACALCLAD 3003	1100	BBAAAA	BBAAAA			BBAAAA	1100													
	4043	AABAA	AABAA	BAAAA	BAAAA	AABAA	4043													
	4145	AACBA	AACBA	AABAA	AABAA	AACBA	4145													
2219	2319			BAAAAA	AAAAAA	2319														
	4043	BAAAA	BAAAA	BCBCA	BCBCA	4043														
	4145	AABAA	AABAA	ABCBA	ABCBA	4145														
2014 2036	2319			CAAAAA	2319															
	4043	BAAAA	BAAAA	BCBCA	4043															
	4145	AABAA	AABAA	ABCBA	4145															
1100	1100	BBAAAA	BBAAA	1100																
	4043	AABAA	AABAA	4043																
	5356			5356																
1060 1350	1100	BBAAAB	1100																	
	1060	CCAAAA	1060																	
	4043	AABAA	4043																	

Table des alliages d'apport pour l'aluminium

Comment utiliser la table des alliages d'apport

Localisez d'abord les alliages de base que vous voulez souder parmi ceux énumérés dans la colonne grise à gauche et la rangée grise au haut du tableau. À partir de votre choix d'alliage de base dans la colonne de gauche, déplacez-vous horizontalement vers la droite pour atteindre le bloc situé directement au-dessous de l'autre alliage de base choisi dans la rangée supérieure de la table. Vous pouvez également commencer avec l'alliage de base choisi dans la rangée supérieure et descendre jusqu'au bloc placé directement à droite de l'autre alliage de base choisi dans la colonne gauche de la table.

Le bloc d'intersection contient des rangées de lettres (A à D) qui décrivent les alliages d'apport placés au bout de chaque ligne horizontale dans les cases bleues. Les lettres sur chaque rangée identifient les cotes de qualité de A à D pour chacune des caractéristiques testées au haut de chaque colonne, à savoir S, R, D, C, T et A.

Selon l'alliage choisi à l'intérieur du bloc d'intersection, vous pouvez changer les caractéristiques de soudage et ainsi opter pour le meilleur compromis entre celles-ci en fonction de vos besoins.

Par exemple, localisez le bloc d'intersection pour le soudage des alliages de base 3003 et 1100. Vous pouvez remarquer que l'alliage d'apport 1100 offre des cotes supérieures de ductilité (D), de résistance à la corrosion (C), de performance à des températures élevées (T) et d'appariement des couleurs après anodisation (A), de même que de bonnes cotes pour la facilité de soudage (S) et la résistance à la traction (R). Par contre, si la facilité de soudage et la résistance à la traction représentent des facteurs critiques et que vous pouvez compromettre quelque peu la ductilité et l'appariement des couleurs, l'alliage d'apport 4043 devient le meilleur choix.

Légende

Les alliages d'apport possèdent des cotes de qualité pour les caractéristiques suivantes :

Symbole	Caractéristique
S	Facilité de soudage et susceptibilité à la fissuration.
R	Résistance à la traction des joints soudés. Cette cote de qualité s'applique surtout aux soudures d'angles. Dans le cas de soudures bout à bout, toutes les baguettes et électrodes cotées offriront les résistances minimales spécifiées.
D	Ductilité basée sur l'élongation libre des soudures.
C	Résistance à la corrosion en immersion continue ou alternée dans de l'eau fraîche ou salée.
T	Performance à des températures soutenues supérieures à 65 °C (150 °F).
A	Appariement des couleurs après anodisation.

- Les lettres A, B, C et D spécifient des cotes en ordre décroissant de qualité. Ces cotes ne sont significatives qu'à l'intérieur du bloc sélectionné.
- Une cote pour laquelle aucune lettre n'est spécifiée n'est habituellement pas recommandée (caractéristique de qualité inférieure).
- Ces cotes ne s'appliquent pas aux alliages qui subissent un postchauffage.

Figure 2-2. *Table de sélection du meilleur métal d'apport pour souder deux alliages d'aluminium.*

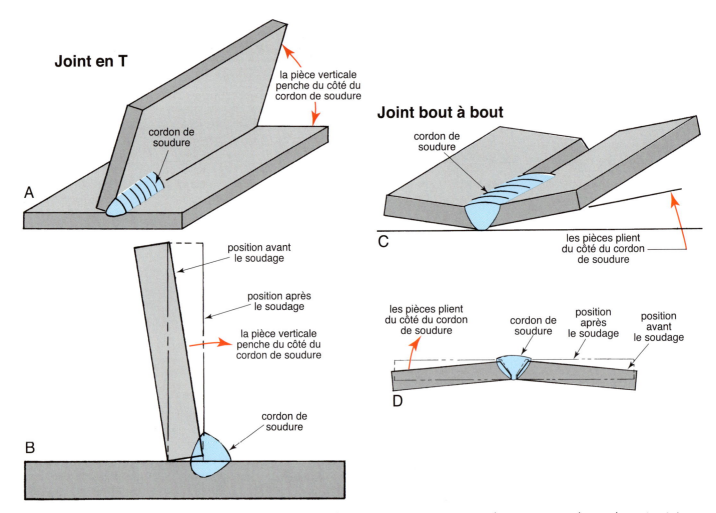

Figure 2-3. Positionnement des pièces d'aluminium lors du pointage pour compenser la contraction du soudage. A – Joint en T sans point de soudure. L'angle droit initial est défait et tiré par le cordon de soudure. B – Pointage d'un joint en T à angle obtus pour compenser l'effet de contraction subséquent du soudage. C – Joint bout à bout sans point de soudure. Les pièces mises à plat plient du côté du cordon de soudure. D – Pointage d'un joint bout à bout à angle inverse avant soudage. L'angle exact est déterminé par expérimentation.

Pour contrôler la forme et la taille de cette pénétration, on utilise souvent un support à l'envers. Ces supports permettent également de contrôler le métal chaud dans le bain de fusion et de minimiser les risques de rupture du métal liés à la fragilité à chaud.

Des rainures sont souvent usinées dans les supports à l'envers pour produire une pénétration de la forme et de la taille désirée lors du refroidissement. On peut également se procurer des supports préformés.

Les supports à l'envers sont habituellement enlevés après le soudage des pièces, quoiqu'ils puissent parfois être soudés en place et faire partie des joints. Dans ce dernier cas, la composition métallique du support doit être similaire au métal ou à l'alliage soudé. Par contre, il vaut mieux choisir des supports d'un alliage dissemblable au métal soudé lorsque ceux-ci doivent être enlevés, pour éviter qu'ils se soudent aux joints de l'assemblage. En général, les supports employés pour l'aluminium sont faits d'acier inoxydable de série 300, tandis que ceux utilisés pour l'acier inoxydable sont en cuivre.

Pour le soudage de pièces rondes comme des tuyaux, on utilise des anneaux de support.

2.4 Soudage à l'arc d'aluminium corroyé

Les méthodes les plus courantes pour souder l'aluminium et ses alliages sont les procédés de soudage à l'arc sous gaz avec électrode de tungstène (GTAW) et avec fil plein (GMAW). Ces procédés sont préférés du fait que le gaz inerte minimise l'oxydation de l'aluminium.

Le soudage à l'arc sous gaz avec électrode de tungstène peut s'effectuer en c.a., en c.c. à électrode positive (polarité inverse) ou en c.c. à électrode négative (polarité directe ou normale). Toutefois, on utilise habituellement du c.a. pour souder de l'aluminium afin de lui donner un fini propre et lustré. Le soudage c.a. ou c.c. avec électrode positive détruit les oxydes sur l'aluminium, mais le soudage c.c. avec électrode négative ne produit aucune action nettoyante. Dans ce dernier cas, il faut alors enlever l'oxyde d'aluminium des surfaces avant le soudage. Les soudures finies auront un fini plus terne, mais on peut ensuite les polir avec une brosse d'acier inoxydable.

Pour le soudage c.a., l'électrode doit être en tungstène pur ou contenir du zirconium. Les électrodes de tungstène contenant de l'oxyde de cérium ou du lanthane peuvent également être utilisées. Notez que les électrodes de tungstène thorié ne sont pas recommandées pour le soudage c.a. Les électrodes contenant du thorium conviennent plutôt au courant continu. Rappelons toutefois que le soudage c.c., polarité directe ne produit aucune action nettoyante.

Dans le cas du soudage c.a., la forme de l'extrémité de l'électrode doit être ronde. Les gaz de protection recommandés sont l'argon ou un mélange d'argon et d'hélium. Le soudage à l'arc sous gaz avec électrode de tungstène produit des soudures d'une grande qualité sur l'aluminium.

On peut également utiliser le soudage à l'arc sous gaz avec fil plein pour souder de l'aluminium. Un c.c. polarité inverse offre l'action nettoyante nécessaire pour enlever l'oxyde d'aluminium du métal de base. Comme gaz de protection, il faut opter pour de l'argon pur ou un mélange d'argon et d'hélium.

Dans le cas du soudage à l'arc sous gaz avec fil plein, il faut opter pour les techniques de fusion en pluie. La fusion en pluie standard sert à créer des soudures à plat ou horizontales, tandis que la fusion en pluie pulsée permet de souder des joints en position. Un courant de soudage élevé (vitesse de dévidage du fil) et une grande vitesse de soudage produisent d'excellentes soudures sur de l'aluminium avec une petite zone affectée thermiquement. Les transferts globulaires et par courts-circuits ne sont pas recommandés, en raison de leur faible pénétration et de la fusion limitée du métal de base.

On peut également souder l'aluminium à l'arc avec une électrode d'aluminium enrobée d'un flux. Il faut alors opter pour un c.c. polarité inverse. Ce type de soudage produit toutefois des soudures de qualité inférieure aux résultats possibles avec les procédés GTAW ou GMAW. Par conséquent, le soudage d'aluminium à l'arc avec électrode enrobée ne doit être préféré que si les procédés GTAW et GMAW ne sont pas disponibles.

Le soudage d'aluminium à l'oxygaz est également possible, si l'on ne dispose pas d'un poste de soudage GTAW et GMAW. Ce procédé n'est toutefois pas recommandé pour plusieurs raisons, notamment :

- Le soudage oxygaz crée un bain de fusion de grande taille, ce qui augmente les risques d'effondrement en raison de la fragilité à chaud de l'aluminium.
- Le soudage oxygaz ne produit aucune action nettoyante et implique l'utilisation de flux. Si les flux ne sont pas nettoyés en profondeur, ils continueront de corroder l'aluminium.
- Comme le soudage oxygaz introduit plus de chaleur dans le métal de base que tout autre procédé, il produit une zone affectée thermiquement de plus grande taille et davantage de déformation que les procédés de soudage à l'arc.

Un flux est toujours requis pour le soudage oxygaz d'aluminium. Les deux métaux à souder et, s'il y a lieu, la baguette de soudage doivent être enrobées de flux. En général, le soudeur mélange le flux avec de l'eau pour former une pâte. Une fois le soudage complété, ce flux doit être nettoyé le plus rapidement possible avec de l'eau ou une solution d'eau et d'un peu d'acide sulfurique. **Portez toujours des lunettes de protection et des gants de caoutchouc lorsque vous manipulez des solutions acides.** Si le flux n'est pas enlevé, il continuera d'éroder le métal.

Comme la conductibilité thermique de l'aluminium est très élevée, il faut choisir une buse de chalumeau plus grande que lors du soudage d'acier. Il faut alors préférer l'acétylène comme gaz combustible, puisqu'il produit davantage de chaleur, et opter pour une flamme neutre ou réductrice (légèrement carburante). L'hydrogène peut servir de gaz combustible pour le soudage de feuilles de métal ou tôles minces.

L'aluminium peut être également soudé par résistance par points. Comme l'aluminium offre une excellente conductibilité thermique, le courant requis pour le soudage par résistance est environ trois fois supérieur au courant utilisé pour souder une épaisseur similaire d'acier. La figure 2-4 énumère les paramètres requis pour le soudage par points d'aluminium. Dans le cas de l'aluminium, il vaut mieux utiliser une machine de soudage par résistance par points capable d'appliquer une force de forgeage, afin de minimiser la fissuration du métal pendant qu'il refroidit.

Épaisseur		Dia en surface de l'électrode		Force		Temps de soudage	Courant de soudage	Espacement de soudage (min.)		Diamètre de la soudure (min.)	
po	mm	po	mm	lb	N			po	mm	po	mm
0,025	0,63	0,625	15,88	390	1735	6	21 800	0,38	9,5	0,14	3,6
0,032	0,81	0,625	15,88	500	2224	6	26 000	0,38	9,5	0,16	4,1
0,040	1,02	0,625	15,88	600	2669	8	30 700	0,44	11,3	0,18	4,6
0,050	1,27	0,625	15,88	660	2936	9	33 000	0,50	12,7	0,21	5,3
0,062	1,57	0,625	15,88	750	3336	10	35 900	0,50	12,7	0,25	6,3
0,093	2,36	0,875	22,23	950	4226	12	46 000	0,75	19,0	0,33	8,4
0,100	2,54	0,875	22,23	1050	4670	15	56 000	0,75	19,0	0,36	9,1
0,125	3,17	0,875	22,23	1300	5782	15	76 000	1,00	25,4	0,42	10,7

Figure 2-4. *Variables recommandées pour le soudage par résistance par points d'aluminium.*

Figure 2-5. Machine de soudage par résistance par points conçue pour souder de l'aluminium.

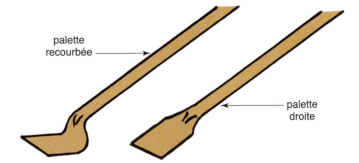

Figure 2-6. Baguettes utilisées pour contrôler le bain de fusion lors du soudage oxygaz d'aluminium moulé.

La figure 2-5 illustre une machine de soudage par points pour l'aluminium.

2.4.1 Soudage d'aluminium moulé

Le soudage d'aluminium moulé et d'alliages d'aluminium moulé est sensiblement similaire au soudage d'aluminium corroyé. On peut donc souder des moulages en sable et des moulages en coquille. Les coulées sous pression d'aluminium ne sont habituellement pas soudables, à cause de certains ingrédients présents dans les alliages.

Les moulages ayant subi des traitements thermiques perdent les propriétés acquises lors de ces traitements s'ils sont soudés. En conséquence, il vaut mieux souder les moulages avant d'appliquer des traitements thermiques.

Les procédés de soudage à l'arc sont habituellement préférés au procédé oxygaz pour l'aluminium moulé. Si vous devez employer le soudage oxygaz sur des pièces minces, utilisez une baguette d'acier inoxydable pour contrôler et former le bain de fusion. La figure 2-6 illustre deux baguettes de ce type. Ces tiges sont habituellement en acier inoxydable de 6 mm (1/4 po) avec une extrémité aplatie rappelant la forme d'une cuillère.

Pour souder des moulages d'aluminium de grande taille et/ou de forte épaisseur, le métal doit être préchauffé à une température de 200 à 260 °C (400 à 500 °F). Comme dans le cas de l'acier, les profilés épais d'aluminium doivent être chanfreinés.

2.5 Soudage du magnésium

Le magnésium et ses alliages sont souvent confondus avec l'aluminium. Il n'est pas rare que des soudeurs tentent en vain d'utiliser des techniques de soudage d'aluminium sur du magnésium. On retrouve ce métal sous plusieurs formes corroyées et moulées en sable ou en coquilles.

Il existe plusieurs alliages de magnésium. En général, ces métaux peuvent être soudés à l'arc. Les procédés de soudage à l'arc sous gaz avec électrode de tungstène (GTAW) et avec fil plein (GMAW) sont les plus populaires. Le soudage oxygaz de magnésium n'est recommandé que pour les réparations urgentes. On peut aussi utiliser les techniques de brasage et de brasage tendre pour joindre le magnésium. La figure 2-7 énumère plusieurs alliages de magnésium et leurs résistances à la traction.

Le magnésium s'oxyde très rapidement lorsqu'il atteint son point de fusion. En fait, lorsque de petites rognures de magnésium sont chauffées au point de fusion, elles se consument spontanément pour laisser des cendres blanches, deux indices qui permettent d'identifier ce métal. **N'utilisez toujours qu'une très petite quantité de rognures de magnésium pour réaliser ce test.**

Alliage ASTM	Alliage d'apport	Résistance du métal de base		Résistance une fois soudé	
		1000 psi	MPa	1000 psi	MPa
AZ31B-H24	AZ61A	42	290	37	255
AZ10A-F	AZ92A	35	241	33	228
AZ61A-F	AZ61A	45	310	40	276
AZ92A-T6	AZ92A	40	276	35	241
HK31A-H24	EZ33A	38	262	31	214
HM21A-T8	EZ33A	35	241	28	193
ZE10A-H24	AZ61A	38	262	33	228
ZK21A-F	AZ61A	42	290	32	221

Figure 2-7. Tableau des alliages de magnésium soudables, métaux d'apport recommandés et résistances de soudage.

Les alliages de magnésium les plus populaires sont ceux qui incorporent de l'aluminium et du zinc, appartenant à la série AZ (A pour aluminium et Z pour zinc). Les alliages riches en zinc, qui correspondent aux séries ZE, ZH et ZK, peuvent être soudés avec les procédés de soudage par résistance par points et à la molette. Les procédés de soudage à l'arc sont toutefois incompatibles avec ces alliages.

2.6 Soudage de coulées sous pression

Les *coulées sous pression* désignent des moulages d'alliages ou *moulages de métal blanc* créés à partir d'un moule d'acier sous pression. Un moule ou matrice permet de créer de très nombreuses coulées (souvent de 10 000 à plus de 100 000). La précision des pièces coulées sous pression peut atteindre 0,13 mm (0,005 po). Les alliages de moulage sont habituellement riches en zinc, en aluminium ou en magnésium et peuvent contenir de l'étain et du plomb. Ces alliages sont cependant fragiles et cassants. Toutefois, cette méthode facilite la fabrication de nombreuses pièces et demeure très populaire. En outre, les défaillances liées à la nature cassante du matériau crée une forte demande pour la réparation par soudage des coulées sous pression.

Pour souder adéquatement une coulée sous pression, vous devez connaître les métaux constituants de l'alliage. Les moulages de zinc sont plus lourds, ceux en magnésium sont plus légers et les moulages d'aluminium ont un poids intermédiaire. Les moulages de zinc, plus répandus, fondent à environ 430 °C (800 °F), tandis que la température de fusion des coulées de magnésium et d'aluminium varie de 590 à 650 °C (1100 à 1200 °F). Les moulages d'alliages de zinc sont très difficiles à souder en raison de leur température de fusion plutôt basse et de leur taux d'oxydation élevé.

Pour réparer des pièces moulées, il vaut mieux utiliser une baguette de soudage de composition similaire au métal d'origine. Il existe d'ailleurs des baguettes de soudage spécialement conçues pour la réparation des coulées sous pression.

La préparation d'une coulée sous pression pour le soudage est similaire à tout autre métal. Il faut donc chanfreiner les pièces de forte épaisseur et nettoyer à fond toutes les surfaces. Tout revêtement présent dans la zone à souder doit également être meulé. En outre, les pièces doivent être fermement supportées avant, pendant et après le soudage.

Les moulages d'alliages en fusion deviennent très liquides. Pour contrôler le métal lors du soudage, il faut utiliser des blocs ou de la pâte de carbone. La figure 2-8 illustre l'emploi d'un moule en pâte de carbone autour d'une fracture sur une pièce moulée. La figure 2-9 montre comment de la pâte et des plaques de carbone peuvent servir de moules pour souder des pièces moulées.

Les réparations de pièces moulées s'effectuent habituellement avec les méthodes de soudage oxygaz et oxyacétylénique. Il faut alors préférer une flamme très carburante et une très petite buse. N'oubliez pas que ces métaux fondent avant de changer de couleur. Utilisez la

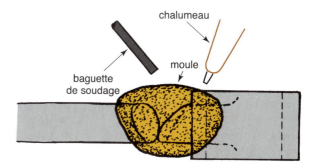

Figure 2-8. Installation d'un moule en pâte de carbone autour d'une fracture sur une pièce moulée pour sa préparation avant le soudage.

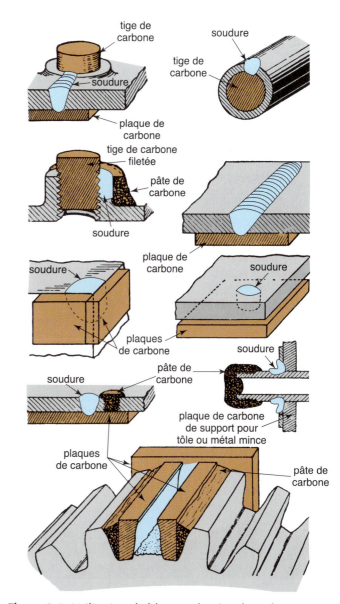

Figure 2-9. Utilisation de blocs et de pâte de carbone pour des applications de soudage courantes.

baguette de soudage pour éliminer les oxydes en surface à mesure que le métal d'apport est ajouté. Le soudeur peut également se servir d'une palette d'acier inoxydable ou de laiton similaire à celles illustrées à la figure 2-6 pour enlever les oxydes et lisser la surface pendant le soudage.

Une autre méthode efficace pour réparer des coulées sous pression consiste à utiliser un fer à souder pour faire fondre le métal. Un chalumeau oxygaz permet de maintenir le corps du fer à souder bien rouge pendant que la pointe du fer à souder chauffe et soude la pièce moulée. La flamme du chalumeau ne doit pas toucher la pièce moulée, sauf si cette dernière requiert un préchauffage. Cette méthode convient à merveille pour la réparation de petites pièces.

2.7 Cuivre et alliages de cuivre

Le cuivre et la plupart de ses alliages peuvent être soudés. Les deux types de cuivre sont :
- Le cuivre porteur d'oxygène (au moins 99,9 % de cuivre et 0,04 % d'oxygène)
- Le cuivre désoxydé (au moins 99,5 % de cuivre et de 0,015 à 0,04 % de phosphore)

Le cuivre contenant de l'oxygène est difficile à souder par fusion. Comme l'aluminium, le cuivre possède une plus grande conductibilité thermique que l'acier et dissipe la chaleur hors de la zone de soudage rapidement.

Le cuivre peut s'allier à de nombreux éléments. Les deux exemples les plus courants sont le zinc et l'étain. Les alliages de cuivre et de zinc forment du *laiton* et les alliages de cuivre et d'étain créent du *bronze*. D'autres éléments peuvent être incorporés pour former différents types de laiton et de bronze.

Alliages de cuivre et de zinc (laiton)
- Dorure – 94 à 96 % de cuivre et 4 à 6 % de zinc.
- Laiton commercial – 89 à 91 % de cuivre et 9 à 11 % de zinc.
- Laiton rouge – 84 à 86 % de cuivre et 14 à 16 % de zinc.
- Tombac – 80 % de cuivre et 20 % de zinc.
- Laiton jaune à cartouche – 70 % de cuivre et 30 % de zinc.
- Laiton jaune – 65 % de cuivre et 35 % de zinc.
- Laiton amirauté – 71,5 % de cuivre, 1,1 % d'étain et 27,4 % de zinc.
- Laiton naval – 61 % de cuivre, 0,75 % d'étain et 38,25 % de zinc.
- Laiton spécial au manganèse – 58,5 % de cuivre, 1 % d'étain, 1,4 % de fer, 0,5 % de manganèse (maximum) et au moins 38,6 % de zinc.
- Laiton d'aluminium – 77,5 % de cuivre, 2,2 % d'aluminium et 20,3 % de zinc.

Alliages de cuivre et d'étain (bronze)
- Grade A – 0,19 % de phosphore, 94 % de cuivre et 3,6 % d'étain.
- Grade C – 0,15 % de phosphore, 90,5 % de cuivre et 8 % d'étain.
- Grade D – 0,15 % de phosphore, 88,5 % de cuivre et 10 % d'étain.
- Grade E – 0,25 % de phosphore, 95,5 % de cuivre et 1,25 % d'étain.

Le cuivre et l'étain formant le bronze peuvent se fissurer s'ils ne sont pas soudés convenablement.

Les alliages de cuivre sont très répandus en raison de leur grande ductilité. Ces alliages sont donc faciles à travailler pour créer de nombreuses formes corroyées ou moulées parfois très complexes. Les alliages de cuivre résistent bien à certains types de corrosion et forment d'excellents conducteurs de chaleur et d'électricité. Les alliages de cuivre se distinguent facilement par leur couleur jaune ou rouge caractéristique.

Le cuivre désoxydé pur est plutôt facile à souder comparativement à d'autres alliages de cuivre. Pour vérifier si un spécimen est facile à souder, chauffez rapidement un échantillon de métal au point de fusion à l'aide d'un chalumeau. Un bain de fusion silencieux, clair et luisant identifie un alliage composé de cuivre pur qui sera facile à souder. Par contre, un bain de fusion qui bouille vigoureusement et dégage des émanations indique la présence d'ingrédients qui compliqueront le soudage du cuivre.

Le cuivre désoxydé recuit possède une résistance à la traction de 207 à 241 MPa (30 à 35 ksi) et peut être soudé avec l'un ou l'autre des procédés à l'arc ou oxygaz pour produire des soudures très résistantes.

La résistance à la traction du cuivre recuit à teneur en oxygène se situe également entre 207 à 241 MPa (30 et 35 ksi). Toutefois, lorsqu'on soude ce métal, l'oxyde cuivreux se redistribue dans la zone affectée thermiquement et affaiblit la soudure. Par conséquent, il est difficile d'obtenir des soudures d'une résistance supérieure à 70 à 85 % de celle du métal de base recuit. La zone affectée thermiquement perd également un pourcentage de sa ductilité et de sa résistance à la corrosion.

Un échantillon de cuivre qui se casse facilement signale des impuretés ou des éléments d'alliage. Le plomb est un exemple d'alliage qui rend le cuivre cassant et difficile à souder. Par contre, de petites quantités de phosphore permettent de faciliter le soudage du cuivre. On peut également utiliser les techniques de brasage et de brasage tendre pour joindre le cuivre, le laiton, le bronze et la plupart des alliages de cuivre.

2.7.1 Soudage du cuivre

Les procédés recommandés pour souder le cuivre sont le soudage à l'arc sous gaz avec électrode de tungstène (GTAW) et avec fil plein (GMAW). Le procédé à l'arc avec électrode enrobée ne doit être utilisé que pour les réparations urgentes ou le soudage de pièces minces lorsqu'on ne dispose pas d'un poste de soudage GTAW ou GMAW. Le soudage oxyacétylénique permet également de souder du cuivre.

Soudage de cuivre avec les procédés GTAW et GMAW

Pour le soudage à l'arc sous gaz avec électrode de tungstène (GTAW), il faut utiliser le courant continu, polarité directe. L'électrode de tungstène doit également contenir 2 % de thorium. Les techniques de soudage en arrière et en avant fonctionnent, quoique cette dernière méthode soit préférée. Les petites passes de soudure sont recommandées, car les cordons larges risquent de créer de l'oxydation sur les côtés du bain de fusion. Il faut aussi choisir un métal d'apport de composition similaire au métal de base. Les métaux d'apport pour le cuivre sont identifiés par le préfixe ERCu.

L'argon, l'hélium ou un mélange d'argon et d'hélium peuvent servir de gaz de protection. L'argon peut souder du cuivre mince, jusqu'à une épaisseur de 1,6 mm. L'hélium permet de souder des pièces plus épaisses, car il fournit une tension d'arc plus élevée et donc une meilleure pénétration. Les mélanges 2:1 et 3:1 d'hélium et d'argon sont également très populaires.

Pour le soudage à l'arc sous gaz avec fil plein (GMAW), il faut employer une électrode de type ERCu. Afin de produire suffisamment de chaleur pour faire fondre le cuivre et obtenir une bonne pénétration, il est recommandé d'utiliser les techniques de fusion en pluie. Le soudage en avant permet de faire des soudures à plat ou horizontales. Pour les soudures en position verticale, il faut se déplacer vers le haut. Le soudage au plafond avec le procédé GMAW n'est pas recommandé. Comme dans le cas du procédé GTAW, il vaut mieux opter pour des petites passes de soudure plutôt que des cordons larges.

Pour les gaz de protection, l'argon convient à des épaisseurs de métal jusqu'à 6,4 mm. Un mélange de 75 % d'hélium et de 25 % d'argon permettra de souder les épaisseurs au-delà de 6,4 mm. Rappelons que l'hélium crée davantage de chaleur dans le métal de base, produit une meilleure pénétration, permet une température de préchauffage moins élevée et dépose le fil-électrode plus rapidement.

Le préchauffage du métal de base cuivré est inutile dans le cas des feuilles ou tôles minces. Le procédé à l'arc sous gaz avec électrode de tungstène (GTAW) permet de souder une épaisseur maximale de 3,2 mm sans préchauffage. En outre, le soudage à l'arc sous gaz avec fil plein (GMAW) convient aux pièces d'une épaisseur allant jusqu'à 6,4 mm sans préchauffage. Pour des épaisseurs plus importantes, il faut toutefois recourir au préchauffage, puisque le cuivre dissipe la chaleur hors de la zone de soudage et peut causer des problèmes. Le préchauffage réduit aussi les contraintes dans le métal soudé et accélère le soudage. Par ailleurs, il vaut mieux utiliser la chaleur de l'arc pour faire fondre le métal de base au lieu de chauffer la zone environnante.

La température de préchauffage croît avec l'épaisseur du métal et peut varier de 95 à 540 °C (200 à 1000 °F). Les exigences de préchauffage sont plus élevées pour le soudage à l'arc sous gaz avec électrode de tungstène (GTAW) que pour le soudage à l'arc sous gaz avec fil plein (GMAW). L'utilisation d'hélium comme gaz de protection permet aussi de réduire la température de préchauffage requise.

Par exemple, la température de préchauffage requise pour souder du cuivre désoxydé de 9,5 mm (3/8 po) avec le procédé GTAW et de l'argon est d'environ 370 °C (700 °F). La même épaisseur traitée au procédé GMAW avec de l'argon requiert une température de préchauffage de 290 à 315 °C (550 à 600 °F). Si l'on soude la même épaisseur avec l'un ou l'autre de ces procédés mais qu'on remplace l'argon par de l'hélium, la température de préchauffage est réduite entre 230 à 260 °C (450 et 500 °F).

Soudage de cuivre avec le procédé SMAW

Le soudage à l'arc avec électrode enrobée requiert des électrodes de type ECu d'un diamètre aussi large que possible, pour permettre d'accroître le courant et d'augmenter le débit de chaleur dans le métal de base. Ce soudage doit être exécuté en position à plat. Pour les épaisseurs de cuivre dépassant 3,2 mm (0,125 po), il faut préchauffer les pièces à une température minimale de 260 °C (500 °F).

Soudage oxygaz de cuivre

Le cuivre et ses alliages peuvent être soudés avec les procédés oxygaz, quoique la chaleur élevée produite par la flamme oxyacétylénique soit idéale. La méthode générale de soudage demeure similaire à celle utilisée pour le soudage de l'acier.

Comme le cuivre conduit la chaleur très rapidement, il faut utiliser une buse de plus grande taille que si l'on soudait une épaisseur similaire d'acier. Le préchauffage est requis pour toute pièce d'une épaisseur excédant 3,2 mm (0,125 po) et implique des températures supérieures à celles employées pour le soudage à l'arc sous gaz avec électrode de tungstène (GTAW). Pour le soudage de cuivre épais, un chauffage concourant peut être nécessaire pour maintenir le métal de base suffisamment préchauffé.

Le soudage du cuivre et de ses alliages implique également l'utilisation d'un flux pour minimiser l'oxydation. Ce flux doit être appliqué sur les joints à souder et sur la baguette de soudage. La méthode de soudage en arrière permet d'éviter de pousser le métal en fusion au-devant du chalumeau et de l'emprisonner dans la soudure pendant qu'il s'oxyde.

2.7.2 Soudage du laiton

Le soudage à l'arc du laiton est similaire au soudage du cuivre pur, sauf pour la présence de zinc. Lorsqu'il est chauffé par l'arc, le zinc solide se transforme en gaz et produit des émanations autour de la soudure pouvant causer des soufflures. Il faut donc utiliser un gaz de protection pour éliminer les émanations de zinc.

L'électrode ou le métal d'apport ne peut pas contenir de zinc. Il faut donc opter pour une électrode de cuivre combinant du cuivre et de l'étain (type ECuSn-C) ou du cuivre et du silicium (type ECuSi-A). Pour les procédés GTAW et GMAW, le métal de base doit être préchauffé à une température de 95 à 315 °C (200 à 600 °F). Dans le cas du procédé SMAW, la température de préchauffage varie de 200 à 370 °C (400 à 700 °F).

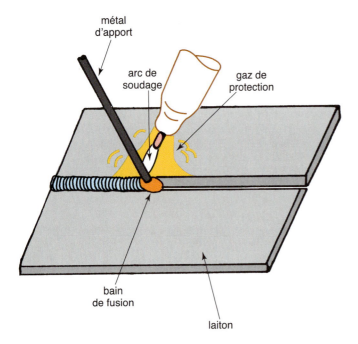

Figure 2-10. Soudage de laiton avec le procédé GTAW. L'arc est dirigé sur la baguette de soudage pour minimiser les émanations de zinc.

Pour le soudage à l'arc sous gaz avec électrode de tungstène, les émanations de zinc peuvent être réduites en pointant l'arc sur la baguette de soudage et en gardant cette dernière en contact avec le métal de base. L'arc peut alors faire fondre le métal de la baguette pour remplir le joint sans toucher directement le métal de base, ce qui réduit au minimum les émanations de zinc. La figure 2-10 illustre cette technique. Pour minimiser les émanations de zinc avec les procédés GMAW et SMAW, dirigez l'arc sur le front avant du bain de fusion.

La méthode utilisée pour le soudage oxygaz du cuivre ressemble beaucoup aux techniques employées pour le soudage de cuivre désoxydé, quoiqu'il n'existe aucun métal d'apport de composition assortie. On utilise plutôt des baguettes de soudage combinant du cuivre et du silicium de type RCuSi-A. Si l'on préfère braser le cuivre, il faut alors opter pour des baguettes de brasage fort de type RCuZn-A ou RCuZn-C. Rappelons toutefois que la résistance à la corrosion des joints soudobrasés est inférieure à celle des soudures par fusion. Il faut également utiliser un bon flux pour souder ou soudobraser le cuivre.

2.7.3 Soudage du bronze

Pour créer des alliages de bronze, des éléments autres que l'étain sont ajoutés au cuivre. Chaque type de bronze implique des techniques de soudage distinctes. Il importe donc de connaître le type de bronze avant de le souder, afin de sélectionner le bon métal d'apport ou électrode. De plus, les traitements de préchauffage et de postchauffage diffèrent selon le type de bronze.

Alliages de cuivre et d'étain (cuprophosphore)

Les procédés à l'arc les plus courants pour souder le cuprophosphore sont le soudage à l'arc avec électrode enrobée (SMAW) et le soudage à l'arc sous gaz avec fil plein (GMAW). Le soudage à l'arc sous gaz avec électrode de tungstène (GTAW) peut servir à la réparation de pièces moulées ou pour souder des feuilles minces. Les électrodes enrobées disponibles, de type ECuSn-A ou ECuSn-C, doivent être alimentées en c.c. polarité inverse. Les électrodes de fil plein sont les modèles ECuSn-C et requièrent également un c.c. polarité inverse. Ces métaux d'apport renferment un peu de phosphore, afin de réduire les risques de fissuration.

Les passes de soudure sont recommandées pour ces deux procédés. Comme gaz de protection pour les procédés GMAW et GTAW, on choisit habituellement de l'argon ou un mélange d'argon et d'hélium. Utilisé comme métal de base, le bronze doit être préchauffé à 200 °C (400 °F). Le chauffage interpasse est également requis pour garder le cuprophosphore à environ 200 °C. Après chaque passe de soudure, la soudure et la zone affectée thermiquement doivent être aplaties en frappant le métal avec un marteau ou en projetant de petites billes métalliques avec un jet d'air comprimé. Le postchauffage permet enfin d'optimiser la ductilité et la résistance à la corrosion. Pour ce faire, il suffit de chauffer l'assemblage soudé à 480 °C (900 °F) et de le faire refroidir rapidement (trempe) jusqu'à la température ambiante.

Les procédés oxygaz ne sont pas recommandés pour souder le bronze, car le débit de chaleur élevé produit des fissures et des soufflures. Toutefois, avec l'expérience, un soudeur peut réaliser des soudures de qualité. Les baguettes de soudage disponibles sont les types RCuSn-A et RCuSn-C. Le métal d'apport RCuZn-C peut également servir si l'appariement des couleurs importe peu. Le soudage oxygaz de bronze implique également l'utilisation d'un flux.

Alliages de cuivre et d'aluminium (cuproaluminium)

Les bronzes contenant moins de 7 % d'aluminium sont difficiles à souder et se fissurent facilement dans la zone affectée thermiquement. Les bronzes dont la teneur en aluminium égale ou dépasse 7 % ou qui incorporent plus d'un élément d'alliage sont soudables, mais il faut recourir à différentes techniques pour minimiser les risques de fissuration.

Le préchauffage est requis pour souder toute pièce de cuproaluminium d'une épaisseur excédant 4,8 mm (3/16 po). Les températures de préchauffage et de chauffage interpasse varient selon l'alliage. Dans le cas des alliages contenant moins de 10 % d'aluminium, on parle de températures de 95 à 150 °C (200 à 300 °F). Après le soudage, il faut laisser ces alliages refroidir librement à la température ambiante. Pour les alliages dont la teneur en aluminium égale ou dépasse 10 %, la température de préchauffage devient 260 °C (500 °F). Après le soudage, ces alliages doivent plutôt être refroidis rapidement jusqu'à la température ambiante.

Le métal d'apport pour souder le cuproaluminium avec les procédés GTAW et GMAW correspond aux types ERCuAl-A2 et ERCuAl-A3. Dans le cas du procédé SMAW, il faut opter pour des électrodes ECuAl-A2 ou ECuAl-B. Le gaz de protection recommandé est l'argon ou un mélange d'argon et d'hélium. L'usage d'hélium augmente le débit de chaleur et accélère le soudage du bronze. Le soudage oxyacétylénique n'est pas recommandé pour ces alliages.

Alliages de cuivre et de silicium (cuprosilicium)

Tous les bronzes contenant du silicium peuvent être soudés. Le silicium agit comme un agent désoxydant et peut créer une fine couche protectrice sur les soudures pour empêcher le métal d'oxyder. Comme la conductibilité thermique du cuprosilicium est faible, le préchauffage est rarement utilisé. Dans le cas de pièces très épaisses, la température de préchauffage ne dépasse pas 95 °C.

Les procédés GTAW, GMAW et SMAW peuvent tous servir à souder les alliages de cuprosilicium. Les métaux d'apport pour électrodes recommandés sont les types ERCuSi-A et ERCuAl-A2. Pour le soudage à l'arc avec électrode enrobée de ces alliages, il faut plutôt opter pour les types ECuSi ou ECuAl-A2. Les alliages de cuprosilicium peuvent aussi être soudés à l'oxygaz, quoique les procédés de soudage à l'arc produisent de meilleurs résultats. Pour le soudage oxyacétylénique, il faut utiliser un flux et une flamme oxydante.

Alliages de cuivre et de nickel (cupronickel)

Les alliages de cuivre et de nickel offrent une excellente résistance à la corrosion et une bonne résistance à chaud. Ces alliages comptent de nombreux usages, notamment les multiples applications de contenants d'eau salée.

Le cupronickel incorpore de 5 à 30 % de nickel, quoique les alliages les plus courants en contiennent de 10 à 30 %. Tous ces alliages peuvent être soudés avec les procédés de soudage à l'arc ou oxygaz. Toutefois, le soudage oxyacétylénique doit être préféré seulement si l'on ne dispose d'aucun procédé de soudage à l'arc. Le préchauffage est facultatif et la température de chauffage interpasse ne doit pas dépasser 65 °C (150 °F). Les métaux d'apport pour les alliages de cupronickel sont désignés ERCuNi et les électrodes requises pour le procédé SMAW doivent être de type ECuNi.

Comme le cupronickel produit un bain de fusion plutôt lourd, il faut maintenir un léger mouvement pour assurer un bon mélange. Enfin, l'utilisation d'argon comme gaz de protection assurera un meilleur contrôle de l'arc, tandis que l'ajout d'hélium produira davantage de chaleur et une meilleure pénétration. L'argon ou un mélange d'argon et d'hélium peuvent donc servir pour le soudage à l'arc sous gaz avec électrode de tungstène (GTAW) et avec fil plein (GMAW).

2.8 Titane

Le *titane* et ses alliages offrent une résistance hors pair, une bonne ductilité et une excellente résistance à la corrosion.

Le titane est plus lourd que l'aluminium, mais plus léger que l'acier. On en retrouve de nombreuses formes comme les barres, les feuilles, les plaques ou les travaux de forge. Le titane recuit est relativement doux et ductile. Il obtient une résistance optimale excédant 1380 MPa (200 ksi) avec un traitement thermique de mise en solution suivi d'un vieillissement.

Le titane pur est disponible en quatre degrés de qualité commerciale (grade 1, grade 2, grade 3 et grade 4 selon l'ASTM) et peut s'allier à de nombreux éléments, qui sont alors inclus dans la classification. On retrouve notamment les Ti-5Al-2.5Sn, Ti-2Al-11Sn-5Zr-1Mo, Ti-6Al-4V, Ti-8Mn et Ti-8Mo-8V-3Al-2Fe. Les nombres indiquent le pourcentage de chaque élément d'alliage. Les métaux d'apport et électrodes comprenant du titane sont identifiés de manière similaire.

2.8.1 Soudage du titane

Le problème majeur avec le titane et ses alliages est qu'ils dissolvent l'oxygène, l'azote et l'hydrogène à des températures élevées. L'oxygène et l'azote en faibles quantités augmentent la résistance et la dureté du métal. Par contre, en quantités plus importantes, ces gaz ou des impuretés comme de la graisse, de l'huile ou de la moisissure rendent le titane très cassant. Il importe donc de nettoyer ce métal en profondeur avant de le souder.

Pour empêcher le titane d'être contaminé, il faut utiliser un gaz de protection très pur et sans humidité des deux côtés de la soudure. Le métal en fusion et la zone affectée thermiquement doivent être protégés jusqu'à ce que le métal refroidisse sous la barre des 260 °C (500 °F).

La figure 2-11 illustre cette technique. En plus de couvrir la surface du dessus, la surface du dessous doit également être couverte par un gaz de protection. La figure 2-12 illustre un composant à canal utilisé pour protéger le fond de la soudure. Lorsqu'on utilise une machine automatique, un dispositif de traînée fixé au chalumeau protège le titane pendant qu'il refroidit.

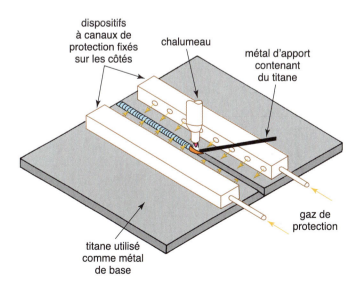

Figure 2-11. *Une protection sur les deux côtés permet de couvrir le métal en fusion et la zone affectée thermiquement pendant qu'ils refroidissent.*

La figure 2-13 illustre ce type de dispositif entraîné par le mouvement du chalumeau, pendant que ce dernier fournit le gaz de protection principal pour chauffer le métal. Le gaz de protection qui permet de protéger le métal chauffé et la zone affectée thermiquement pendant le refroidissement est qualifié de *gaz de protection secondaire*.

Une autre méthode permettant de protéger le métal de la contamination consiste à souder l'assemblage à l'intérieur d'une chambre à atmosphère remplie d'un gaz inerte. Les deux principaux types de chambres sont :

- Les petites unités pilotées depuis l'extérieur. Le soudeur utilise des gants et des bras spéciaux pour manipuler le porte-électrode (figure 2-14).
- Les grandes unités à sas, remplies de gaz de protection et dans lesquelles le soudeur entre pour faire le soudage. Le soudeur doit alors porter un appareil respiratoire.

Ne pénétrez jamais dans une zone remplie de gaz sans porter un respirateur à adduction d'air ou un appareil respiratoire approprié. Il en va de votre vie. L'inhalation d'un gaz de protection comme l'argon peut provoquer une perte de conscience en moins de dix secondes et causer la mort très rapidement.

La figure 2-15 illustre une chambre gonflable flexible à gaz de protection. Ce système permet au soudeur d'accéder aux pièces à souder par le biais de plusieurs ports d'accès.

L'électrode ou le métal d'apport utilisé pour souder du titane doit être assorti à la composition du métal de base. La classification des métaux d'apport et des électrodes est identique à celle des métaux de base. Les principaux éléments d'alliage et leurs pourcentages font partie de cette désignation. Dans le cas des exemples ERTi-1, ERTi-2 (grades 1 et 2 de titane pur commercial), ERTi-3Al-2.5V, ERTi-8Al-1Mo-1V et ERTi-6Al-4V, le E signifie électrode, le R désigne une tige solide, le Ti correspond au titane, tandis que Al désigne de l'aluminium, Mo du molybdène et V du vanadium.

Les méthodes les plus courantes pour souder du titane sont les procédés GMAW et GTAW. D'autres techniques pour le titane incluent le soudage plasma, le soudage par faisceau d'électrons, le soudage par faisceau laser, le soudage par résistance, le soudage par friction et le brasage.

Le soudage du titane implique le nettoyage en profondeur du métal de base. Tous les oxydes, graisses, huiles et

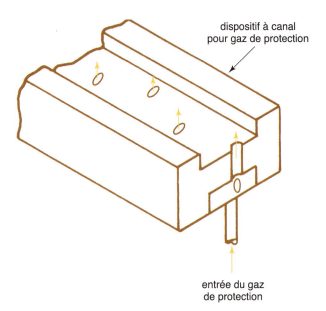

Figure 2-12. On peut également utiliser un dispositif de protection pour couvrir le fond d'une soudure.

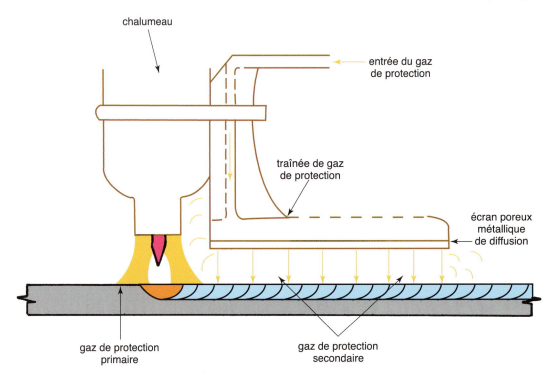

Figure 2-13. Dispositif de protection fixé à un chalumeau automatique. L'écran poreux permet au gaz de protection de couvrir toute la zone de soudage.

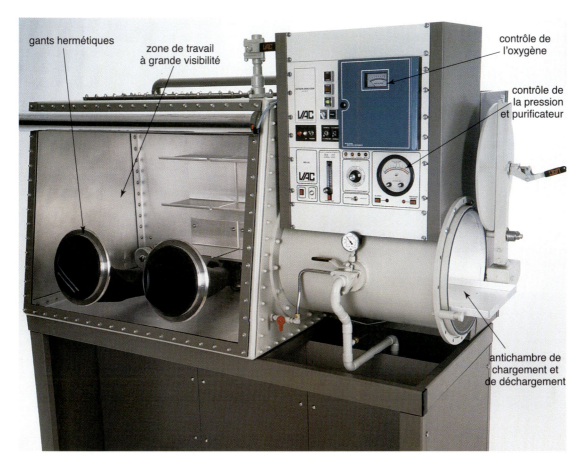

Figure 2-14. Cabine de gaz de protection à atmosphère contrôlée qui permet le soudage des métaux difficiles à souder. L'oxygène et le taux d'humidité sont maintenus à moins de 1 ppm ou partie par million.

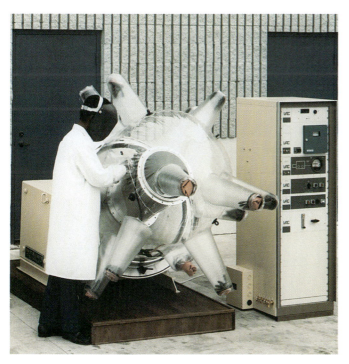

Figure 2-15. Système d'atmosphère à cloche flexible muni de plusieurs bras scellés à ports d'accès qui permettent d'atteindre l'assemblage à souder de toutes parts tout en conservant une atmosphère de gaz inerte.

même empreintes digitales doivent être enlevés avant le soudage. Les pièces nettoyées à fond doivent ensuite être manipulées avec des gants. La moindre contamination risque de combiner de l'oxygène, de l'hydrogène, de l'azote ou du carbone au titane et affaiblir le métal.

Pour le procédé GTAW, utilisez une électrode à 2 % de thorium (EWTh-2) et du c.c., polarité directe. L'électrode ne doit pas être manipulée loin de la buse à gaz pour éviter de causer des inclusions de tungstène. En outre, l'arc ne doit pas être amorcé en touchant le titane, mais plutôt sur une pièce métallique placée sur l'assemblage à souder et qui sera ultérieurement enlevée.

Pour le procédé GMAW, il importe de protéger le titane de l'oxygène, de l'azote et de l'hydrogène. Il faut également choisir un gaz de protection extrêmement pur et des dispositifs latéraux ou de traînée similaires à ceux décrits précédemment pour bien couvrir la zone soudée et le fond de la soudure. De même, le soudage d'un joint en T ou d'un joint d'angle requiert de bien protéger le fond de la soudure pour minimiser les risques de contamination. La soudure et la zone affectée thermiquement doivent demeurer couvertes par un gaz de protection jusqu'à ce qu'elles refroidissent au-dessous de 260 °C (500 °F).

Un autre facteur à respecter est l'absolue propreté du fil-électrode, qui doit être exempt de graisse, d'huile ou de saletés. Vous pouvez recouvrir la bobine de fil pour la protéger des poussières. Lorsque vous avez terminé d'utiliser une bobine de fil de titane, retirez-la de la machine et placez-la dans un sac hermétique ou un contenant propre.

2.9 Soudage du zirconium

Le *zirconium* est un métal rare utilisé pour certaines applications commerciales. Ses propriétés uniques en font un métal très utile en astronautique (pour les voyages hors de l'atmosphère terrestre) et dans les domaines de la chimie et de l'énergie nucléaire.

Le *zirconium* peut être soudé à l'arc sous gaz avec une électrode de tungstène ou un fil plein. Les conditions de propreté et de soudage requises pour le zirconium sont sensiblement identiques aux exigences spécifiées plus tôt pour le titane. Le métal doit donc être nettoyé en profondeur avant d'être soudé dans une atmosphère de gaz inerte à 100 %. Les autres procédés compatibles avec le zirconium incluent le soudage par faisceau d'électrons, le soudage par faisceau laser, le soudage plasma, le soudage par résistance et le brasage.

2.10 Soudage du béryllium

Le *béryllium* est un métal commercial plus léger que l'aluminium, qui possède une température de fusion passablement élevée. Sa résistance est d'environ 380 MPa (55 ksi).

Le béryllium peut être soudé à l'arc sous gaz avec une électrode de tungstène, soudé par faisceau d'électrons, soudé à l'état solide, soudé par résistance par points ou brasé. Comme le béryllium se fissure très facilement, il faut éviter tout débit de chaleur trop élevé ou refroidissement trop brusque.

Le béryllium est extrêmement toxique. Évitez toute absorption ou inhalation de fines particules et même de poussières de béryllium.

2.11 Soudage de métaux non ferreux dissemblables

On peut souder des métaux non ferreux dissemblables, comme l'aluminium et le cuivre, l'aluminium et le plomb, le cuivre et le plomb et nombre d'autres combinaisons. En outre, l'acier et certains aciers inoxydables peuvent être soudés ou brasés à des métaux non ferreux comme l'aluminium et le cuivre.

En général, le soudage de métaux dissemblables avec les procédés à l'arc et oxygaz n'est pas aussi efficace que dans le cas du soudage par résistance, du soudage par friction et du soudage à l'état solide.

2.12 Plastiques

Les plastiques servent dans la fabrication d'innombrables composants et articles. La composition chimique et les caractéristiques physiques des plastiques sont très variées. En dépit de leur grande diversité, les plastiques sont classés en deux grandes catégories : les thermoplastiques et les plastiques thermodurcissables.

Les *thermoplastiques* peuvent être chauffés, façonnés et refroidis à plusieurs reprises. Ils s'amollissent une fois chauffés et se durcissent en refroidissant.

Les thermoplastiques incluent les acryliques, les plastiques cellulosiques, les plastiques à base de résine d'acétal, le nylon, les vinyles, le polyéthylène, le polystyrène, le polyvinylidène, le polypropylène, le polycarbonate et le polyfluorocarbone.

Les *plastiques thermodurcissables* ne peuvent être façonnés qu'une seule fois, soit lors de leur fabrication. Cette catégorie inclut les aminoplastes, les phénoplastes, les polyesters, les silicones, les plastiques à base de résine alkyde, les plastiques à base de caséine, les plastiques époxydiques et les plastiques allyliques.

2.12.1 Principes de soudage des plastiques

On peut souder les thermoplastiques de la même manière que l'on soude les métaux, avec les mêmes techniques de joints et positions. Les figures 2-16 et 2-17 illustrent des soudures d'angle et bout à bout réalisées sur des plastiques.

Figure 2-16. Vue latérale d'un joint bout à bout réalisé des deux côtés d'un plastique.

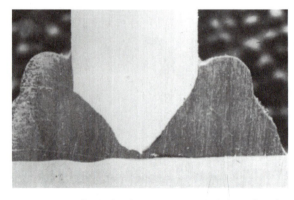

Figure 2-17. Vue latérale d'un joint en T réalisé des deux côtés d'un plastique.

La baguette de soudage doit être de composition identique au plastique à souder. Il existe des baguettes de plastique de forme ronde, ovale, triangulaire et à bande droite. Le soudeur doit choisir une baguette selon la forme du joint, l'épaisseur du plastique à souder et l'équipement de soudage utilisé. Pour produire des soudures d'une qualité optimale, il faut préalablement nettoyer les joints et la baguette de soudage.

2.12.2 Soudage des plastiques

La chaleur requise pour souder des plastiques provient d'un gaz chauffé, habituellement de l'air sous pression ou un gaz de protection. Le gaz, chauffé en traversant le chalumeau, est ensuite dirigé sur la surface du joint. En d'autres termes, aucune flamme ne touche le joint; le soudage est accompli par le gaz chauffé.

Des bobines électriques permettent de chauffer le gaz quand il traverse le chalumeau. La figure 2-18 illustre un chalumeau destiné au soudage de plastiques, muni d'un élément à bobine électrique pour chauffer le gaz. La figure 2-19 montre un équipement complet de soudage des plastiques.

Le soudeur tient le chalumeau d'une main et la baguette de plastique de l'autre pour alimenter la zone soudée, comme dans le cas du soudage oxygaz. La figure 2-20 illustre le soudage manuel d'un joint bout à bout sur du plastique.

La figure 2-21 montre une buse de soudage rapide comprenant un guide, dans lequel on insère la baguette de plastique. Une première ouverture permet au gaz de

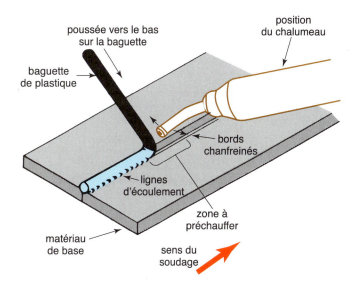

Figure 2-20. Procédure correcte pour le soudage manuel d'un joint bout à bout sur des plastiques. Notez la position de la baguette de plastique et de la buse du chalumeau.

Figure 2-18. Chalumeau conçu pour souder les plastiques muni d'une bobine électrique chauffante.

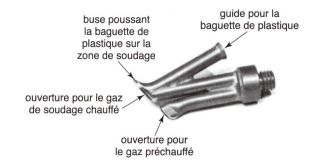

Figure 2-21. Buse de soudage rapide pour souder les plastiques.

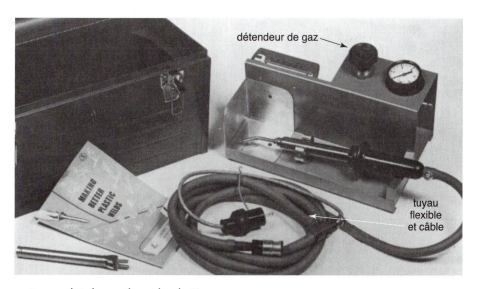

Figure 2-19. Équipement complet de soudage de plastiques.

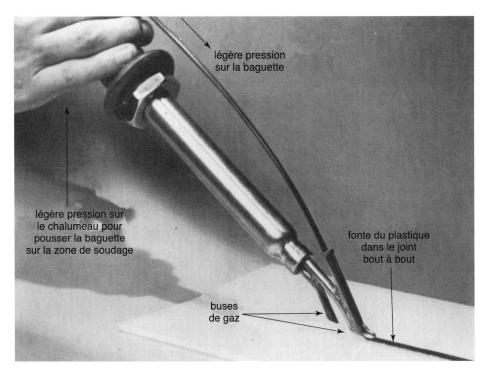

Figure 2-22. Buse de soudage rapide utilisée pour réaliser un joint bout à bout sur du plastique.

préchauffer le plastique et une deuxième fait fondre le plastique et la baguette d'apport. La figure 2-22 illustre un chalumeau électrique équipé d'une buse de soudage rapide. Cet équipement requiert l'application d'une légère pression uniforme sur la baguette d'apport et sur le chalumeau pour pousser le plastique dans la zone de soudage chauffée.

Certains joints de soudure requièrent une bande de plastique au lieu d'une baguette d'apport. Cette bande de plastique sert alors de matériau de soudage et s'applique de manière similaire à l'aide d'une *buse de soudage rapide* spéciale, comme le montre la figure 2-23.

La température du gaz chauffé est réglée par un détendeur. Lorsque le débit de gaz traversant l'élément chauffant est lent, le gaz reçoit davantage de chaleur. De même, si le gaz traverse l'élément chauffant plus rapidement, il reçoit moins de chaleur. Par conséquent, le soudeur doit diminuer le débit de gaz de soudage pour augmenter sa température ou augmenter le débit de gaz pour diminuer sa température.

Pour modifier la puissance calorifique du chalumeau, il faut changer la taille de la buse. Le chalumeau peut chauffer le gaz à des températures de 230 à 430 °C (450 à 800 °F). Le gaz chauffé est appliqué sur la zone de soudage pour amollir le joint et l'extrémité de la baguette de plastique, afin de les lier ensemble par une légère pression. Une fois les surfaces refroidies et durcies, on obtient une soudure solide.

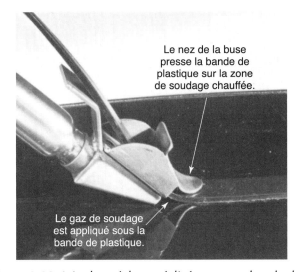

Figure 2-23. Joint bout à bout réalisé avec une bande de plastique comme matériau de soudure. Notez la forme spéciale de la buse de soudage rapide.

Les quatre facteurs d'importance permettant de réaliser de bonnes soudures sur des plastiques sont :
- La bonne température de soudage
- Une pression adéquate sur la baguette d'apport
- Un angle adéquat sur la baguette de soudage
- La bonne vitesse de soudage

Testez vos connaissances

1. Les métaux et alliages non ferreux peuvent contenir du fer en tant qu'élément _____.

2. À l'exception de l'aluminium moulé, tous les types d'aluminium sont qualifiés d'aluminium _____.

3. Nommez l'organisation à l'origine d'un système normalisé de classification des alliages d'aluminium.

4. Quel est l'élément d'alliage principal des métaux de la série 4XXX? Quel est l'élément d'alliage principal des métaux de la série 5XXX?

5. Quel métal d'apport doit-on utiliser pour obtenir la meilleure résistance et une ductilité optimale lors du soudage d'une pièce d'aluminium 5052 à une pièce d'aluminium 3003? Référez-vous à la figure 2-2.

6. Quelle est la température de préchauffage requise pour le soudage d'aluminium avec le procédé oxygaz? Pour le soudage d'aluminium avec le procédé GMAW?

7. L'aluminium est habituellement soudé avec les procédés _____ et _____.

8. Nommez les types de courants de soudage qui produisent une action nettoyante sur de l'aluminium.

9. Quel est le type de flamme recommandé pour le soudage oxygaz d'aluminium?

10. Tout flux qui demeure sur une soudure d'aluminium aura un effet _____.

11. Quels alliages doit-on ajouter au magnésium pour former l'alliage de magnésium le plus populaire?

12. Pourquoi utilise-t-on fréquemment des blocs et de la pâte de carbone pour souder des pièces moulées?

13. Nommez le type de cuivre plutôt facile à souder comparativement à d'autres alliages de cuivre.

14. Pourquoi une soudure réalisée sur du cuivre contenant de l'oxygène possède-t-elle une résistance plus faible que le métal de base?

15. Pourquoi la chaleur produite dans une soudure de cuivre quitte-t-elle la zone soudée plus rapidement ou plus lentement que dans le cas de l'acier?

16. Quel est le problème majeur lié au soudage du titane? Expliquez.

17. Nommez deux moyens permettant de minimiser les soufflures et la contamination du titane lors de son soudage.

18. Pour souder du titane en utilisant le procédé GTAW, quel type de polarité et de courant doit-on utiliser?

19. Quelle catégorie de plastiques peut-on souder?

20. De quelle façon doit-on chauffer le plastique avant de le souder?

Chapitre 3
Production des métaux

Objectifs pédagogiques

Après l'étude de ce chapitre, vous pourrez :
* Décrire et identifier plusieurs méthodes courantes de fabrication des métaux.
* Décrire et identifier plusieurs pièces semi-ouvrées et produits finis fabriqués dans un laminoir.
* Énoncer les distinctions entre différentes méthodes de fabrication des métaux en termes de volume, de vitesse de production et de coûts de production.
* Décrire les méthodes utilisées pour fabriquer du cuivre, des alliages de cuivre et de l'aluminium.

De bonnes connaissances sur l'origine et les méthodes courantes de fabrication et d'affinage des métaux représentent un atout indéniable pour les soudeurs et les techniciens en soudage. Au cours des dernières décennies, d'importantes innovations ont permis de parfaire les procédés de transformation des minerais en métaux commerciaux et en alliages.

Aujourd'hui, l'acier et les aciers alliés sont les métaux les plus répandus dans l'industrie. Des quantités substantielles d'acier et d'aluminium sont produites annuellement. De nombreuses applications emploient du magnésium et du titane, notamment dans l'industrie aérospatiale. D'autres métaux et alliages sont fabriqués pour satisfaire les besoins d'industries particulières. Dans ce chapitre, nous examinons plusieurs métaux destinés à des applications industrielles.

3.1 Fabrication du fer et de l'acier

L'ajout de faibles quantités de carbone à du fer pur produit de l'acier. L'étape initiale de production de l'acier consiste à extraire les impuretés et le carbone présents dans le fer. Un alliage ou mélange de fer et de carbone forme de l'*acier au carbone ordinaire* ou, plus simplement, de l'*acier au carbone*.

Pour fabriquer des *aciers alliés*, on incorpore des éléments comme du nickel, du chrome ou du manganèse à de l'acier au carbone. Les éléments d'alliage sont ajoutés en quantités précises pour donner aux aciers alliés des caractéristiques particulières.

La figure 3-1 illustre les étapes requises pour fabriquer de l'acier. La première étape consiste à affiner le minerai de fer en extirpant les nombreuses impuretés qu'il contient. En général, l'affinage du minerai de fer s'accomplit dans l'atmosphère réductrice d'un haut fourneau. Une fois affiné, le minerai de fer devient du *saumon de fer*. Le saumon de fer, qui renferme toujours certaines impuretés et un taux relativement élevé de carbone, est habituellement acheminé à un four à oxygène ou parfois versé dans des moules pour y refroidir. Une fois à l'état solide, le saumon de fer devient de la *fonte brute*, un métal cassant et fragile en raison de sa forte teneur en carbone. Pour produire de l'acier, le carbone doit être retiré du fer dans l'atmosphère oxydante d'un *four d'aciérage*.

Un four conçu pour produire de l'acier utilise une atmosphère oxydante pour brûler le carbone et éliminer les impuretés présentes dans le fer. Une fois ces ingrédients éliminés ou réduits à un minimum, on peut ensuite ajouter au fer des quantités contrôlées de carbone et d'autres éléments d'alliage pour créer le type d'acier recherché.

Lorsque les quantités voulues de carbone et d'éléments d'alliage ont été ajoutées, on coule l'acier liquide soit en un brame, soit en un lingot. Un lingot requiert un traitement additionnel pour devenir un bloom, une billette ou un brame. Tous ces produits diffèrent en forme et en profil, comme l'illustre la figure 3-1. À partir de ces pièces d'acier brutes, on peut ensuite façonner des produits finis de dimensions et de formes précises.

36 Technologie des métaux, contrôles et essais des soudures

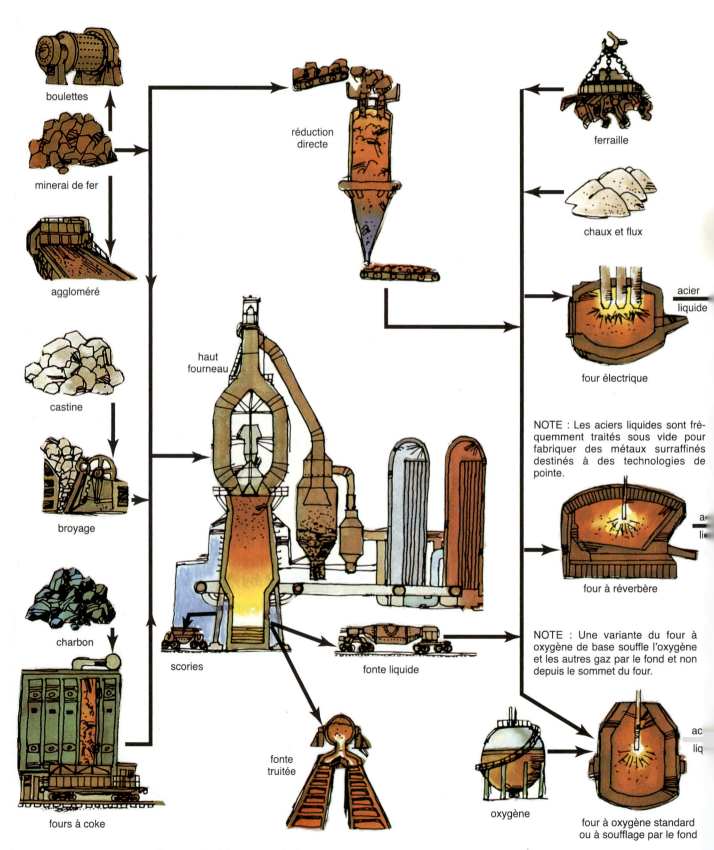

Figure 3-1. *Organigramme illustrant la fabrication de l'acier.*

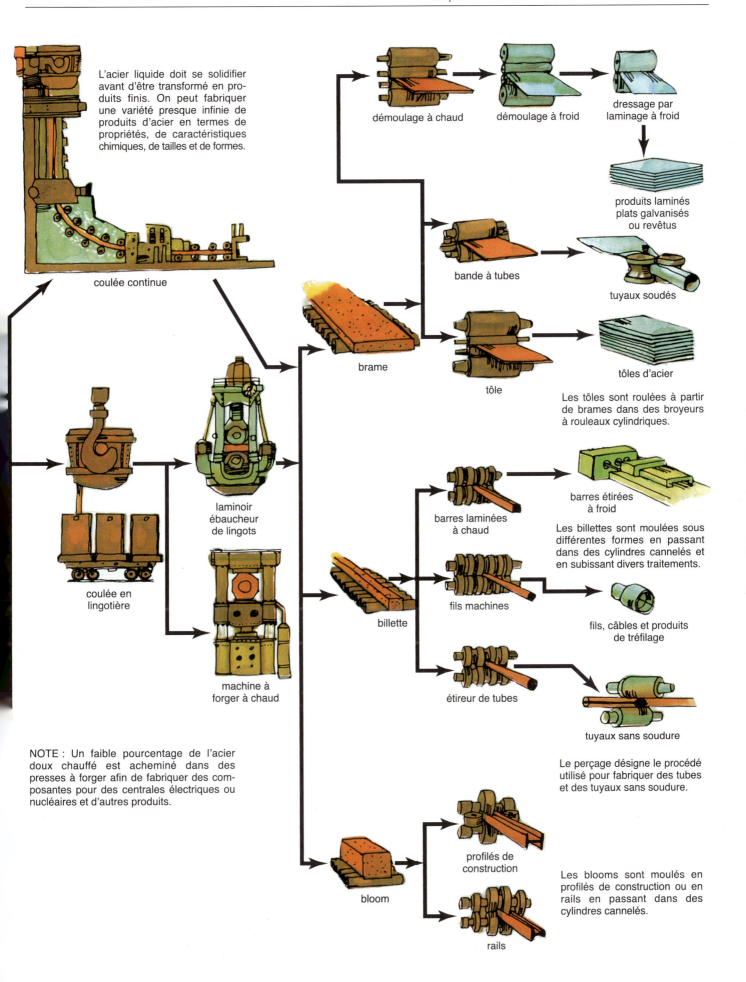

3.1.1 Matériaux utilisés dans la fabrication du fer

On retrouve parfois du fer à l'état naturel. Le fer terrestre est exploité sous forme de **minerai de fer** ou d'oxydes de fer mélangés à des impuretés dans l'argile, le sable et les roches. La liste suivante énumère les principaux types de minerais de fer :

Hématite (rouge)	Fe_2O_3	70 % de fer
Magnétite (noire)	Fe_3O_4	72,4 % de fer
Limonite (brune)	$Fe_2O_3H_2O$	63 % de fer
Sidérite (carbonate de fer)	$FeCO_3$	48,3 % de fer

La taconite (Fe_2O_3) ne contient quant à elle que de 20 à 30 % de fer. Pour son exploitation commerciale, sa teneur en fer est augmentée à 70 % avant livraison.

Sous l'effet de la chaleur d'un haut fourneau, un **flux** de qualité fondra en se combinant aux impuretés du minerai de fer liquide. La castine est le flux utilisé dans presque tous les hauts fourneaux.

Le **coke** demeure certainement l'un des meilleurs combustibles pour un haut fourneau, car il produit assez de chaleur pour réduire le minerai de fer. Le coke est obtenu en chauffant du charbon tendre bitumineux dans un contenant fermé jusqu'à ce que les gaz et les impuretés soient extirpés. Le coke désigne donc du charbon presque pur et pauvre en impuretés comme le soufre et le phosphore.

3.1.2 Fonctionnement d'un haut fourneau

Un haut fourneau accomplit cinq opérations essentielles, à savoir :
- Désoxyder le minerai de fer.
- Faire fondre les scories.
- Faire fondre le fer.
- Carburer le fer.
- Séparer le fer des scories.

Un **haut fourneau** désigne une grande fournaise tubulaire d'acier doublée de briques réfractaires. La figure 3-2 illustre la vue en coupe d'un haut fourneau typique. Des quantités précises de minerai de fer, de castine et de coke sont régulièrement versées au sommet du four par le biais d'une ouverture en forme de cloche appelée **trémie**. Des ouvertures ou **tuyères**, disposées autour de la base du four, permettent d'acheminer l'air chaud. Les gaz d'échappement, recueillis aux ouvertures placées au sommet du haut fourneau, sont réutilisés pour préchauffer l'air entrant dans le four avant d'être nettoyés, filtrés, puis relâchés dans l'atmosphère.

Un haut fourneau fonctionne en continu. La combustion du coke produit la chaleur requise pour faire fondre le fer. Comme la teneur en carbone du coke est très élevée, une partie du carbone se combine avec le fer pour diminuer sa température de fusion, pendant que du fer à l'état liquide se forme à la base du haut fourneau.

La castine, qui agit en tant que flux, fond et se combine aux impuretés pour que celles-ci se retrouvent au sommet du mélange en fusion sous forme de scories. Les scories liquides flottant sur le fer en fusion sont évacuées avant que ce dernier ne soit recueilli sous forme de saumon de fer.

De nos jours, la pratique courante consiste à acheminer directement le saumon de fer en fusion dans un four à oxygène pour fabriquer de l'acier. Une partie du fer est versée dans des moules pour y refroidir. Une fois à l'état solide, ce fer alors qualifié de fonte brute est habituellement vendu à des fonderies pour y recevoir des traitements supplémentaires de seconde fusion dans des fours à induction ou des cubilots, afin de produire de la **fonte**. Pour plus d'information sur les aspects chimiques des hauts fourneaux, lisez le chapitre 4 et la section 7.7.

3.2 Méthodes de fabrication de l'acier

L'acier peut être décrit comme du fer contenant de 0,1 à 1,86 % de carbone. On peut également incorporer d'autres éléments d'alliage au fer pour obtenir différents types d'aciers. Pour davantage de spécifications techniques sur l'acier, consultez le chapitre 4.

Pour fabriquer de l'acier, il faut réduire du saumon de fer et/ou de la ferraille d'acier dans un type de fourneau particulier. Les fours qui permettent de produire de l'acier sont les suivants :
- Fours à oxygène
- Fours électriques
- Fours à réverbère
- Fours à vide
- Creusets
- Fours à induction

3.2.1 Fours à oxygène

La majeure partie de l'acier produit aux États-Unis utilise le procédé avec fours à oxygène. La figure 3-3 illustre le fonctionnement d'un **four à oxygène**. Le procédé est amorcé en inclinant le four à oxygène, puis en versant de la ferraille d'acier et du saumon de fer issu d'un haut fourneau, comme le montre la figure 3-4. Une fois le four remis en position verticale sous une bâche d'échappement, on abaisse une lance à oxygène refroidie à l'eau à environ 2 mètres au-dessus du métal en fusion. L'oxygène est ensuite projeté à une très grande vitesse dans le four, pendant que l'on ajoute de la chaux et d'autres flux qui se combinent au carbone et aux impuretés. Le puissant jet d'oxygène brûle le carbone et les impuretés du métal en fusion et produit de l'acier. En 40 à 60 minutes, on peut produire jusqu'à 300 tonnes (272 tonnes métriques) d'acier de qualité.

Une fois le délai prescrit écoulé, on stoppe le jet d'oxygène avant de retirer la lance d'oxygène. Le four à oxygène est de nouveau incliné pour verser l'acier liquide dans une poche de coulée. Des quantités contrôlées de carbone et d'éléments d'alliage sont souvent ajoutées à l'acier dans la **poche de coulée** pour lui donner des caractéristiques spécifiques.

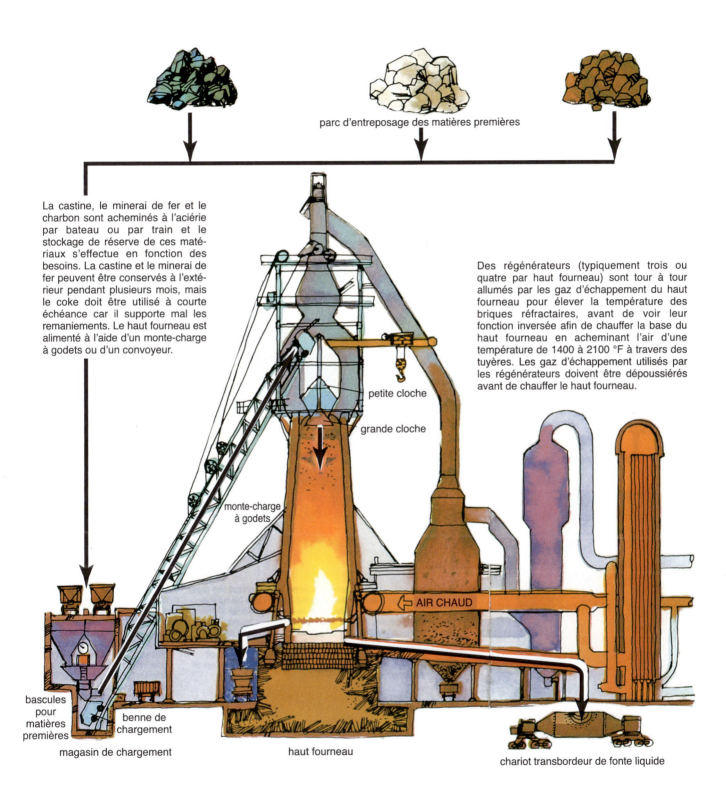

Figure 3-2. Fabrication de fer dans un haut fourneau.

Comme vous pouvez le voir sur l'illustration, le four ne représente qu'une petite partie d'une aciérie. Les équipements destinés au nettoyage des gaz et au transport des matériaux occupent beaucoup plus d'espace.

équipement de nettoyage des gaz

diagramme d'une aciérie utilisant un four à oxygène

La première étape du procédé de fabrication consiste à incliner le four à oxygène pour le remplir en partie de ferraille d'acier. Les fours sont montés sur des tourillons et peuvent être pivotés sur toute leur circonférence.

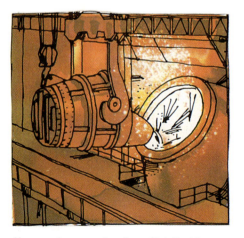

Une poche remplie de métal liquide est ensuite vidée dans le four incliné. Ce métal provenant d'un haut fourneau peut représenter jusqu'à 80 % de la charge totale.

Figure 3-3. Fabrication d'acier dans un four à oxygène.

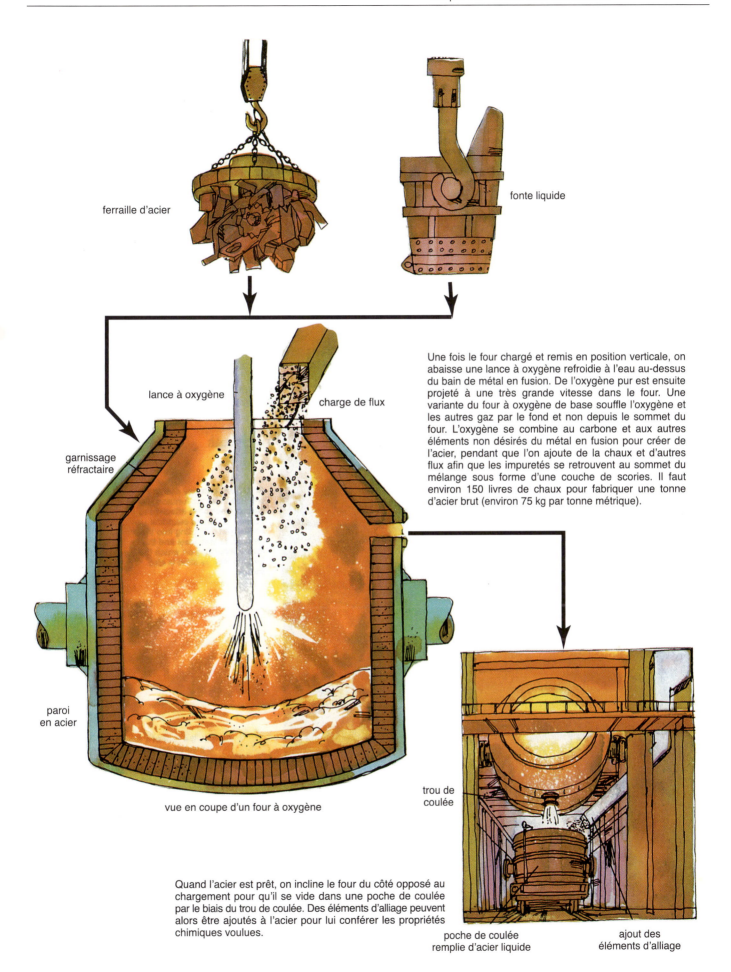

Figure 3-4. Ces trois fours à oxygène produisent 263 tonnes métriques d'acier en 50 minutes.

3.2.2 Fours électriques

La deuxième méthode la plus répandue de production d'acier et d'aciers alliés en Amérique du Nord emploie des fours électriques. Initialement utilisés pour fabriquer des aciers spéciaux de haute qualité et des aciers inoxydables, les fours électriques produisent aujourd'hui environ 40 % des aciers et aciers alliés aux États-Unis. Ce type de four permet un contrôle très précis de la composition chimique du métal. L'ajout de divers éléments d'alliage permet de créer des aciers aux caractéristiques prédéterminées.

En général, on dépose d'abord une quantité de ferraille d'acier triée dans un four électrique avant de le refermer. Il s'agit là d'un avantage du four électrique sur le four à oxygène, qui requiert principalement du saumon de fer liquide.

Des arcs électriques produisent ensuite la chaleur requise pour faire fondre le métal dans le four, comme le montre la figure 3-5. Pour ce faire, des électrodes mobiles de grand diamètre sont abaissées près du métal au sommet du four (figure 3-6). Les arcs produits entre les électrodes de carbone et le métal, combinés à la chaleur créée par la résistance électrique traversant l'acier, font alors fondre le métal. Les électrodes sont abaissées au fur et à mesure qu'elles se consument afin de conserver une distance constante entre celles-ci et le métal en fusion. Les électrodes de carbone sont remplacées au besoin depuis le sommet du four.

Des échantillons de métal liquide peuvent être extraits facilement à partir de petites portes d'accès. L'analyse de ces échantillons permet d'ajuster avec précision les quantités d'éléments d'alliage requises dans le mélange.

La capacité des fours électriques varie de 5 à 300 tonnes (4,5 à 272 tonnes métriques). Le temps requis pour compléter une *coulée* (terme qui désigne le contenu d'un four rempli de métal liquide) varie de trois à six heures. Le four entier est conçu pour s'incliner de manière à déverser son contenu d'acier en fusion. Comme dans le cas du four à oxygène, l'acier liquide est d'abord versé dans une poche de coulée avant d'être traité pour former des brames solides. Le procédé peut ensuite se répéter avec un nouveau chargement de ferraille d'acier dans le four.

3.2.3 Fours à réverbère

Le procédé de fabrication d'acier dans un *four à réverbère* est tombé en désuétude aux États-Unis, quoique certains pays l'utilisent toujours.

Un four à réverbère peut recevoir jusqu'à 350 tonnes (317 tonnes métriques) de métal dans son bassin de coulée. Un chargement peut inclure jusqu'à 50 % de ferraille, en plus d'une quantité de fonte liquide, de fonte brute solide et de flux.

À chaque extrémité du bassin de coulée se trouve une étuve de préchauffage faite de briques réfractaires disposées en damier. L'air et le gaz combustible traversent d'abord l'étuve de préchauffage avant d'entrer par l'une des extrémités du four pour produire une combustion au-dessus du métal et le chauffer. Pendant que le métal passe à l'état liquide, les éléments indésirables et les impuretés qu'il contient s'oxydent ou brûlent.

Certains fours à réverbère emploient de l'oxygène pur pour accélérer le procédé de fabrication d'acier. Comme cette technique permet de fabriquer plus d'acier au cours d'une même période, elle offre l'avantage d'optimiser la production. Par ailleurs, les températures plus élevées obtenues en utilisant de l'oxygène pur facilitent et accélèrent l'élimination des impuretés et du carbone présents dans le fer.

La composition du mélange peut être contrôlée en effectuant des analyses chimiques périodiques du métal en fusion. L'ajout d'éléments d'alliage permet également de contrôler la chaleur afin de satisfaire des tolérances chimiques précises.

3.2.4 Fours à vide

La fusion d'acier, d'alliages d'acier, de titane et d'autres métaux purs dans un *four à vide* permet de réduire en grande partie les quantités de gaz présents dans le métal. Avec un minimum d'émanations présentes dans le four, le métal en fusion absorbe donc très peu de gaz. Lorsqu'on fabrique des aciers en utilisant des procédés conventionnels, le mélange absorbe une quantité plus importante de gaz contaminants, ce qui produit davantage de soufflures et d'inclusions dans le métal lorsqu'il se solidifie. Dans un four à vide, les gaz produits sont évacués au fur et à mesure à l'aide de pompes à vide, ce qui permet d'optimiser plusieurs caractéristiques de l'acier comme la ductilité, la résistance à la rupture, les propriétés magnétiques et la résistance aux chocs. La figure 3-7 illustre le *dégazage en jet sous vide* et le *dégazage en poche*. Ces techniques servent à extirper les gaz présents dans les aciers fabriqués dans des fours électriques ou à oxygène.

De nos jours, les deux principaux types de fours à vide sont les fours à induction et les fours à arc.

électrodes

À gauche, le schéma avec vue en coupe illustre un four électrique et ses électrodes de carbone fixées à des bras de support et reliées à des câbles électriques. L'illustration montre également l'acier liquide et le système de basculement qui permet d'incliner le four.

aciérie utilisant un four électrique

benne de chargement

À droite, la voûte du four est retirée pour la mise en place et le déchargement par le fond d'une benne remplie de ferraille. Des boulettes de métal peuvent également être ajoutées tout au long du procédé de fusion.

Figure 3-5. *Fabrication d'acier dans un four électrique.*

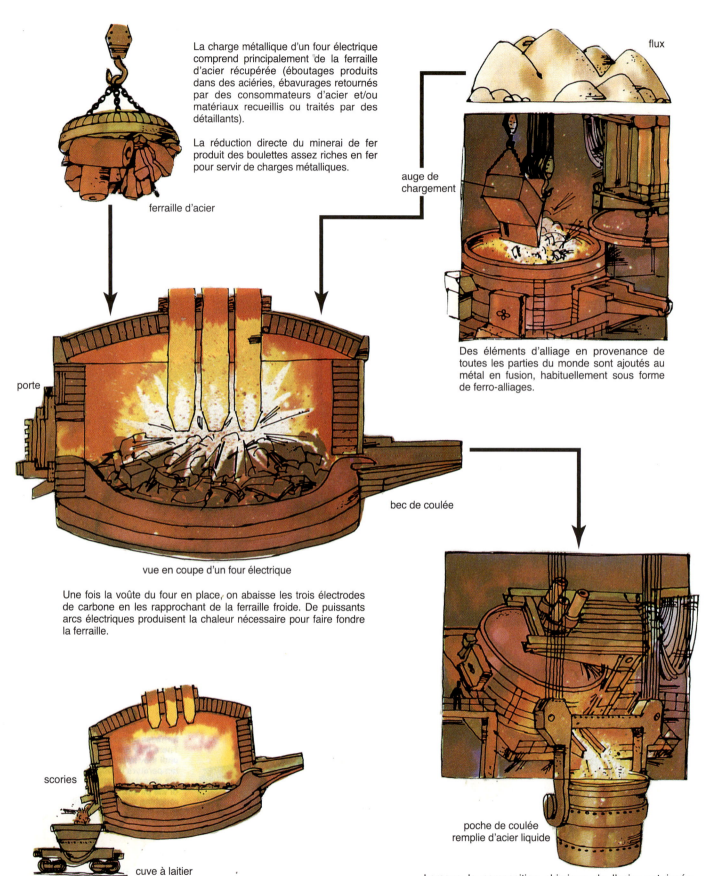

La charge métallique d'un four électrique comprend principalement de la ferraille d'acier récupérée (éboutages produits dans des aciéries, ébavurages retournés par des consommateurs d'acier et/ou matériaux recueillis ou traités par des détaillants).

La réduction directe du minerai de fer produit des boulettes assez riches en fer pour servir de charges métalliques.

ferraille d'acier

flux

auge de chargement

Des éléments d'alliage en provenance de toutes les parties du monde sont ajoutés au métal en fusion, habituellement sous forme de ferro-alliages.

porte

bec de coulée

vue en coupe d'un four électrique

Une fois la voûte du four en place, on abaisse les trois électrodes de carbone en les rapprochant de la ferraille froide. De puissants arcs électriques produisent la chaleur nécessaire pour faire fondre la ferraille.

scories

cuve à laitier

Lorsque la ferraille devient liquide, on ajoute la castine et les flux pour que les impuretés présentes dans l'acier remontent au sommet du mélange sous forme d'une couche de scories. On peut ensuite extraire une bonne partie des scories hors du mélange.

poche de coulée remplie d'acier liquide

Lorsque la composition chimique de l'acier est jugée conforme aux spécifications, on peut incliner le four pour vider l'acier liquide dans une poche de coulée par le biais du bec de coulée. La quantité résiduelle de scories déversée avec l'acier sert de couche isolante.

Figure 3-6. *La chaleur de ce four électrique est produite par trois énormes électrodes rétractables, qui sont abaissées près de la charge de ferraille et d'acier dans le four.*

Si un contrôle précis de la composition chimique du métal est impératif, on opte alors pour un *four à induction sous vide*. Ce type de four étanche inclut des pompes à vide qui extraient les gaz contaminants sans interruption. Des dispositifs spéciaux permettent d'ajouter des éléments d'alliage dans le mélange en fusion sans affecter le vide créé dans le four. La fusion du métal, la coulée du métal en lingots et le refroidissement de ces derniers sont tous accomplis sous vide pour éliminer les risques de contamination, comme l'illustre la figure 3-7.

Le *four à arc sous vide*, qui exploite une méthode connue sous le nom de *procédé à électrode fusible*, permet de transformer du métal fabriqué à partir d'un autre procédé. Le métal doit d'abord être façonné en longs cylindres ou en tiges carrées. On enfonce ensuite ces cylindres ou tiges dans le four à arc comme des électrodes afin de les faire fondre. Pour contrôler la longueur de l'arc, les électrodes fusibles avancent dans le four à une vitesse précise.

Le métal, qui s'écoule graduellement depuis l'extrémité de l'électrode, tombe dans un creuset d'acier refroidi à l'eau pour reprendre son état solide. Le creuset d'acier correspond à la borne de masse du circuit électrique. Pendant ce temps, l'air et les gaz contaminants sont continuellement extraits hors du four par les pompes à vide.

On utilise fréquemment ce procédé lorsque l'uniformité et la pureté du métal sont des priorités. Toutefois, ce type de four ne permet aucun ajout d'élément d'alliage. Un procédé similaire à la méthode à l'arc sous vide, appelé *procédé de refusion sous laitier électroconducteur*, utilise un flux liquide pour recouvrir la surface du métal en fusion dans un moule refroidi à l'eau (figure 3-8). On peut ainsi réduire la contamination à un niveau extrêmement faible, puisque les impuretés sont capturées par le flux et ne peuvent pas atteindre le métal solidifié.

3.2.5 Procédé de coulée continue

La figure 3-9 illustre le *procédé de coulée continue* pour la fabrication d'acier. L'acier liquide d'un four est acheminé dans une poche de coulée et versé dans un réservoir appelé *panier de coulée*, qui sert à écouler le métal verticalement dans un moule refroidi à l'eau. Le métal en fusion qui touche les côtés du moule se refroidit rapidement et crée une enveloppe en forme de coquille autour du métal chaud au centre du moule. Des rouleaux extracteurs supportent cette coquille pendant que la colonne d'acier est retirée du moule. Plusieurs jets d'eau sont alors projetés sur le métal pour le refroidir et solidifier toute la colonne. Le métal qui sort du moule peut être sous forme de brame ou de barre rectangulaire, comme le montre la figure 3-10. En quittant les rouleaux extracteurs, le métal est ensuite coupé en longueurs spécifiques pour un traitement ultérieur.

Le procédé de coulée continue est plus efficace et offre plus d'avantages que la méthode désuète de fabrication de lingots, décrite à la section suivante. Plus de 80 % de l'acier produit en Amérique du Nord provient d'un procédé de coulée continue.

3.2.6 Procédé de fabrication de lingots

Avant l'introduction du procédé de coulée continue, l'acier liquide était simplement coulé dans des moules. L'importante masse d'acier solidifié extraite d'un moule se nomme un *lingot*. De nos jours, la fabrication d'acier sous forme de lingots ne représente plus qu'un faible pourcentage de la production totale nord-américaine, puisque le procédé de coulée continue permet de sauver beaucoup de temps et d'argent.

Pour fabriquer un lingot, l'acier liquide d'un four est d'abord versé dans une poche de coulée. On positionne ensuite une ou plusieurs lingotières en face de la poche de coulée pour y déverser l'acier afin qu'il se solidifie. La figure 3-11 illustre les différentes étapes de fabrication de lingots d'acier.

Aussitôt que l'acier reprend son état solide, on retire le moule pour placer le lingot dans un *four de réchauffage* ou *four d'égalisation*. Le lingot peut y être déposé pendant qu'il est encore chaud ou après avoir refroidi complètement.

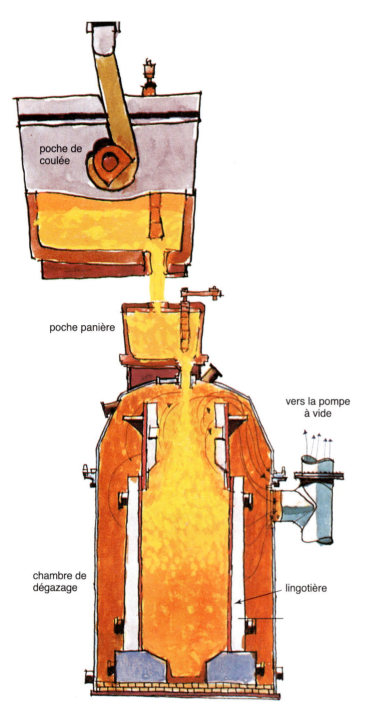

Dans le dégazage en jet sous vide (à gauche), on amène l'acier liquide issu d'un haut fourneau dans une poche de coulée. On verse ensuite l'acier en fusion dans une poche panière afin qu'il s'écoule en gouttelettes en s'exposant au vide créé dans la chambre. Cette chambre sous vide peut contenir des lingotières ou d'autres poches de coulée. Tout au long de cette phase d'écoulement, les gaz indésirables sont extraits de l'acier avant qu'il ne se solidifie à nouveau dans le moule récepteur.

Il existe différents types communs d'équipements de dégazage en poche (à droite). Ce procédé utilise la pression atmosphérique pour forcer l'acier liquide à pénétrer dans une chambre sous vide chauffée et dans laquelle les gaz contaminants sont extirpés. Cette chambre sous vide est ensuite soulevée pour que l'acier retombe dans la poche de coulée par l'effet de la gravité. Comme l'acier ne peut entrer dans la chambre sous vide en un seul coup, on répète le procédé jusqu'à ce que tout l'acier de la poche de coulée soit traité.

Figure 3-7. *Fabrication d'acier dans un four à vide.*

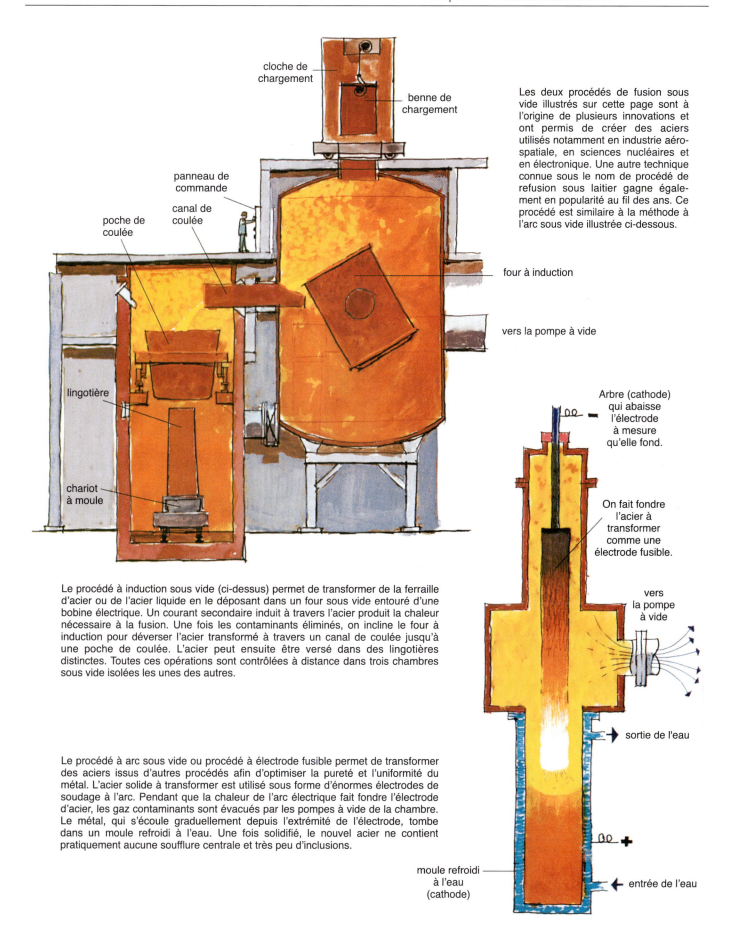

Les deux procédés de fusion sous vide illustrés sur cette page sont à l'origine de plusieurs innovations et ont permis de créer des aciers utilisés notamment en industrie aérospatiale, en sciences nucléaires et en électronique. Une autre technique connue sous le nom de procédé de refusion sous laitier gagne également en popularité au fil des ans. Ce procédé est similaire à la méthode à l'arc sous vide illustrée ci-dessous.

Le procédé à induction sous vide (ci-dessus) permet de transformer de la ferraille d'acier ou de l'acier liquide en le déposant dans un four sous vide entouré d'une bobine électrique. Un courant secondaire induit à travers l'acier produit la chaleur nécessaire à la fusion. Une fois les contaminants éliminés, on incline le four à induction pour déverser l'acier transformé à travers un canal de coulée jusqu'à une poche de coulée. L'acier peut ensuite être versé dans des lingotières distinctes. Toutes ces opérations sont contrôlées à distance dans trois chambres sous vide isolées les unes des autres.

Le procédé à arc sous vide ou procédé à électrode fusible permet de transformer des aciers issus d'autres procédés afin d'optimiser la pureté et l'uniformité du métal. L'acier solide à transformer est utilisé sous forme d'énormes électrodes de soudage à l'arc. Pendant que la chaleur de l'arc électrique fait fondre l'électrode d'acier, les gaz contaminants sont évacués par les pompes à vide de la chambre. Le métal, qui s'écoule graduellement depuis l'extrémité de l'électrode, tombe dans un moule refroidi à l'eau. Une fois solidifié, le nouvel acier ne contient pratiquement aucune soufflure centrale et très peu d'inclusions.

Figure 3-8. Illustration de deux fours à arc sous vide en opération. Sur le four de gauche, remarquez l'électrode et le mécanisme hydraulique qui pousse celle-ci dans le four.

Figure 3-10. Brame épaisse amenée sur des rouleaux dans un procédé de coulée continue.

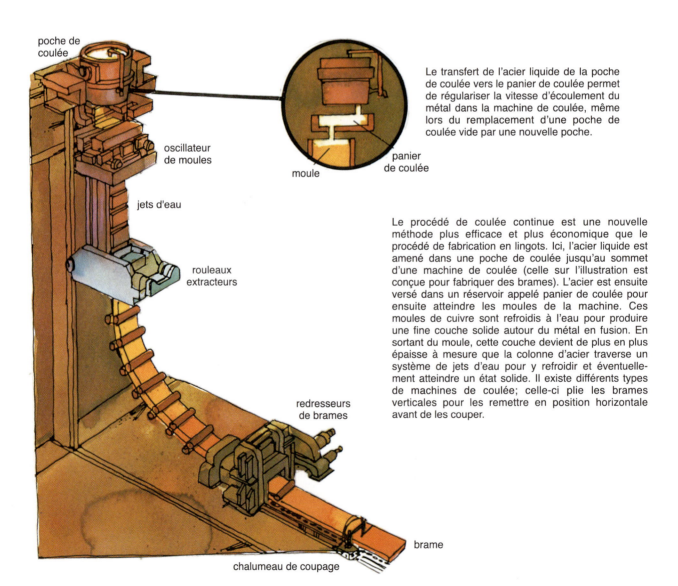

Le transfert de l'acier liquide de la poche de coulée vers le panier de coulée permet de régulariser la vitesse d'écoulement du métal dans la machine de coulée, même lors du remplacement d'une poche de coulée vide par une nouvelle poche.

Le procédé de coulée continue est une nouvelle méthode plus efficace et plus économique que le procédé de fabrication en lingots. Ici, l'acier liquide est amené dans une poche de coulée jusqu'au sommet d'une machine de coulée (celle sur l'illustration est conçue pour fabriquer des brames). L'acier est ensuite versé dans un réservoir appelé panier de coulée pour ensuite atteindre les moules de la machine. Ces moules de cuivre sont refroidis à l'eau pour produire une fine couche solide autour du métal en fusion. En sortant du moule, cette couche devient de plus en plus épaisse à mesure que la colonne d'acier traverse un système de jets d'eau pour y refroidir et éventuellement atteindre un état solide. Il existe différents types de machines de coulée; celle-ci plie les brames verticales pour les remettre en position horizontale avant de les couper.

Figure 3-9. Procédé de coulée continue.

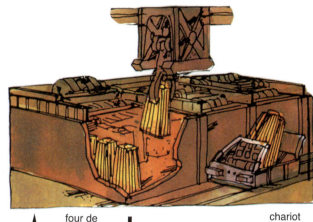

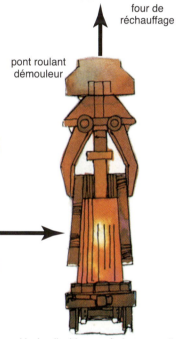

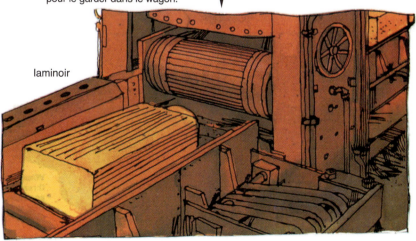

poche de coulée

four de réchauffage

chariot

pont roulant démouleur

lingotières

La méthode conventionnelle de maniement de l'acier liquide (ci-dessus) consiste à amener la poche de coulée à l'aide d'un pont roulant au-dessus d'une file de lingotières. L'opérateur ouvre ensuite la quenouille de coulée du bassin, ce qui permet à l'acier liquide de s'écouler par un trou à la base de la poche de coulée et d'atteindre les lingotières disposées sur des wagons.

L'acier liquide versé dans une lingotière se refroidit et se solidifie en commençant par les côtés, puis vers le centre. Une fois le métal suffisamment solide, un pont roulant démouleur soulève le moule pendant qu'un piston pousse sur le lingot d'acier pour le garder dans le wagon.

Les lingots démoulés sont acheminés dans des fours de réchauffage ou fours d'égalisation. Ces installations permettent d'uniformiser la température des lingots sur toute leur épaisseur. Les lingots sont ensuite soulevés et transportés sur des chariots jusqu'aux laminoirs ébaucheurs.

laminoir

Les laminoirs ou trains ébaucheurs représentent la première étape de façonnement des lingots d'acier liquide en pièces semi-ouvrées appelées blooms, billettes ou brames. Les pièces peuvent ensuite subir plusieurs autres traitements en traversant des cylindres finisseurs et des laminoirs continus.

Figure 3-11. Étapes du procédé de fabrication de lingots.

Figure 3-14. Lingot chaud fraîchement façonné en bloom.

Figure 3-12. Ce lingot, dont la température a été uniformisée sur toute son épaisseur, est retiré du four de réchauffage.

Figure 3-13. Une brame d'acier en fusion est acheminée sur des rouleaux.

Le but du four de réchauffage est de permettre au lingot d'acier d'atteindre une température uniforme sur toute son épaisseur avant de subir un traitement subséquent.

Une fois prêt, le lingot est retiré du four d'égalisation (figure 3-12) et amené à un laminoir. Le laminoir sert à façonner ces lingots de grande taille en pièces de formes particulières avant leur traitement final. Les pièces semi-ouvrées sont alors qualifiées de *blooms*, de *billettes* ou de *brames*. Les figures 3-13 et 3-14 illustrent la transformation de l'acier au laminoir sous différentes formes.

Pour produire des pièces semi-ouvrées à partir de lingots, il faut tour à tour les verser, les démouler, les traiter dans un four et les transformer au laminoir. D'autre part, le procédé de coulée continue permet de produire des pièces identiques sans recourir à toutes ces étapes intermédiaires.

3.2.7 Fabrication de l'acier inoxydable

La plupart des aciers inoxydables sont fabriqués dans des fours électriques, principalement à partir de ferrailles d'aciers inoxydables. La composition du métal dans le four doit être contrôlée avec précision. Une fois le procédé de fabrication terminé dans le four électrique, on extrait le maximum de carbone possible de l'acier en recourant à une opération nommée **décarburation**. La figure 3-15 discute brièvement des procédés de décarburation et illustre le procédé de fabrication des aciers inoxydables.

Quoique certains aciers inoxydables soient fabriqués en utilisant un procédé de coulée continue, la plupart d'entre eux sont coulés en lingots. Toutefois, la fabrication d'acier inoxydable en lingots implique certains ajouts aux étapes de traitement habituelles décrites à la section 3.2.6. Il faut notamment recourir à des traitements additionnels pour donner à l'acier inoxydable un fini de qualité supérieure.

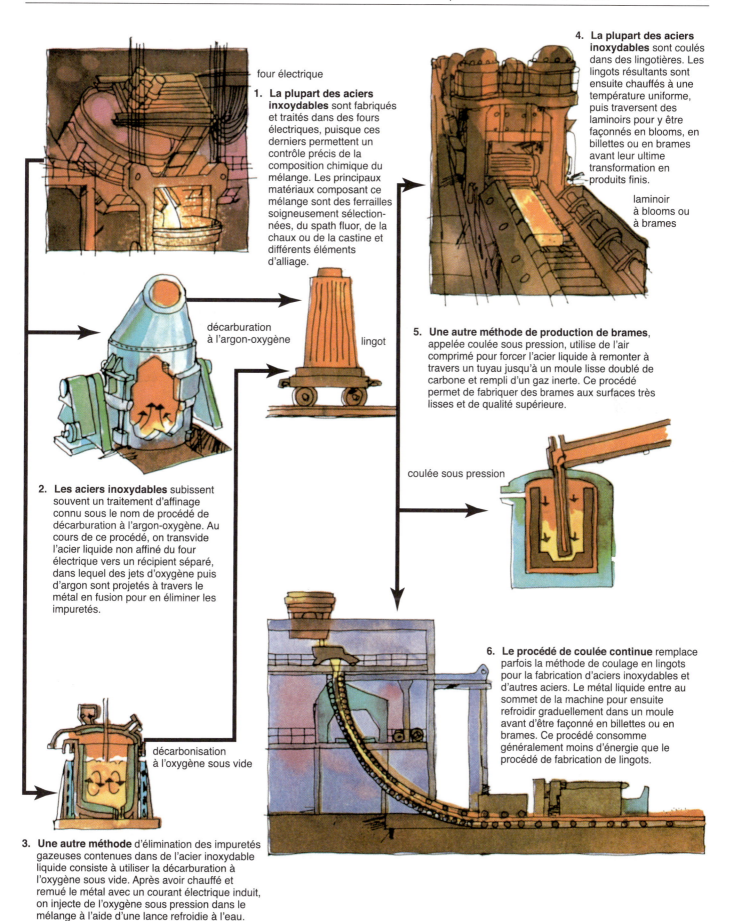

Figure 3-15. Fabrication d'acier inoxydable.

Figure 3-16. Bloc de moteur diesel à huit cylindres fabriqué à partir de fonte.

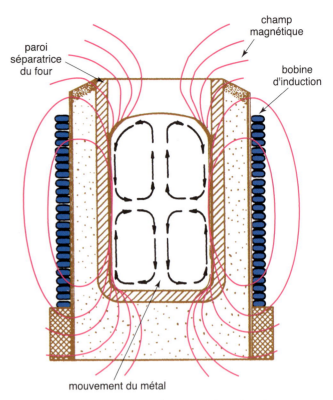

Figure 3-17. Vue en coupe d'un petit four à induction. Le métal dans le four est mis en mouvement et remué par les courants magnétiques de Foucault pour produire un mélange plus homogène.

3.2.8 Fabrication des fontes

Le type le plus commun de fonte est la *fonte grise*, que l'on laisse refroidir lentement lors de sa fabrication pour permettre à une partie du carbone de se séparer et de former des lamelles de graphite. L'apparence grisâtre de cette fonte s'explique par sa teneur en graphite. Rappelons que la fonte grise peut être usinée.

La *fonte blanche*, que l'on fait refroidir rapidement lors de sa fabrication, est très dure mais fragile et cassante. Par conséquent, la fonte blanche est très difficile à usiner. En général, on fabrique une *fonte* en faisant fondre et en désoxydant de la fonte brute dans un cubilot ou un four électrique à induction. Après le traitement de la fonte dans un de ces fours, on verse le métal liquide dans un moule pour qu'il s'y solidifie. La figure 3-16 montre un exemple de produit créé avec de la fonte. L'ajout d'éléments d'alliage et de traitements thermiques permet de créer d'autres types de fonte.

Cubilot

Un *cubilot* sert à fabriquer de la fonte et ressemble à un haut fourneau de petite taille. Le combustible et le flux requis dans un cubilot sont respectivement le coke et la castine. On y fait chauffer de la fonte brute et de la ferraille de fonte et/ou d'acier.

À mesure que le métal et le flux fondent, le cubilot élimine l'excès de carbone et les impuretés du mélange.

Lorsqu'une quantité suffisante de métal est formée, le four est prêt à être piqué. Une *piquée* désigne l'opération consistant à supprimer l'obturation du trou de coulée pour permettre au métal liquide de s'écouler. Comme un haut fourneau, un cubilot fonctionne en continu. Une fois les scories extraites du mélange, le métal en fusion sortant du cubilot peut être coulé dans un moule. Le métal solidifié devient de la fonte.

3.2.9 Procédé de chauffage par induction

Le *chauffage par induction* désigne un procédé qui permet d'augmenter la température d'un matériau par induction de courants de Foucault, sans recourir à une autre méthode de chauffage comme la convection, la conduction ou la radiation. Dans un four à induction, le métal à chauffer est placé dans un *creuset*, sorte de récipient autour duquel on retrouve plusieurs enroulements de fil électrique formant une bobine.

On injecte ensuite du c.a. à haute fréquence dans la bobine pour induire un courant dans le métal placé à l'intérieur du creuset. La résistance du métal, en s'opposant au passage du courant, génère alors de la chaleur. Par conséquent, la fusion du métal se réalise en peu de temps. La figure 3-17 montre le schéma de principe d'un four à induction. Les courants induits produisent également un remuement du métal en fusion pour uniformiser le mélange, pendant que l'électricité dans la bobine entourant le four génère la chaleur requise.

Figure 3-18. Système complet de four à induction pour la fusion de métaux.

En réglant adéquatement la fréquence et l'intensité du c.a. qui traverse la bobine d'induction, on peut contrôler la température du métal avec précision. La figure 3-18 illustre un four à induction.

Figure 3-19. Déversement du contenu d'un four à cuivre dans des lingotières. Ce four particulier produit un alliage de cuivre et d'argent utilisé dans la fabrication de commutateurs pour moteurs électriques.

3.3 Fabrication du cuivre

La majorité du minerai de cuivre contient un pourcentage élevé de cuivre pur. Ce minerai doit être broyé, puis rincé à l'eau pour extraire les particules de terre plus légères qu'il contient. On ajoute ensuite du coke et de la castine au minerai avant de placer le mélange dans un haut fourneau de petite taille. Le cuivre liquide se dépose au fond du four, tandis que les impuretés présentes dans le minerai flottent sur le dessus du mélange en fusion sous forme de scories. Ce procédé est identique à celui utilisé pour l'affinage du minerai de fer dans un haut fourneau, comme on le voit à la figure 3-19.

En quittant le haut fourneau, le cuivre doit subir un traitement d'électrolyse. L'*électrolyse* désigne la modification ou la décomposition chimique d'une substance en ses éléments constituants. Cette décomposition est produite en injectant un courant électrique dans une solution ou à travers une substance à l'état liquide.

La figure 3-20 montre le schéma de principe d'une cellule électrolytique servant à l'affinage du cuivre. Ce système utilise des barres de cuivre pur comme ***cathodes*** (bornes négatives), tandis que le cuivre impur à affiner forme les ***anodes*** (bornes positives) de la cellule. La solution liquide servant d'*électrolyte* comprend du sulfate de cuivre et un peu d'acide sulfurique.

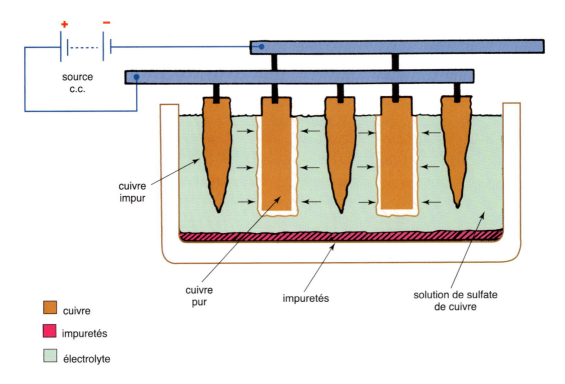

Figure 3-20. *Schéma de principe d'une cellule électrolytique utilisée pour l'affinage du cuivre.*

Lorsque le courant est mis en marche, le cuivre pur quitte les anodes pour aller se déposer en plaques sur les cathodes, pendant que les impuretés tombent au fond de la cellule électrolytique. Une fois les anodes de cuivre consumées, on peut répéter le procédé en plaçant d'autres barres de cuivre à traiter. Les cathodes de cuivre pur fraîchement plaquées sont quant à elles remplacées par des barres plus minces.

3.4 Fabrication des alliages de cuivre, des laitons et des bronzes

Le laiton désigne un alliage de cuivre et de zinc, tandis que le bronze est un alliage de cuivre et d'étain. Si l'on ajoute un troisième ou un quatrième élément à du laiton ou du bronze pour en améliorer les propriétés physiques, on crée alors un ***alliage de laiton*** ou un ***alliage de bronze***. Les éléments d'alliage pouvant être ajoutés au laiton sont l'étain, le manganèse, le fer, le silicium, le nickel, le plomb et l'aluminium. Les éléments d'alliage que l'on peut ajouter au bronze sont le nickel, le plomb, le phosphore, le silicium et l'aluminium.

Les alliages de cuivre, de laiton et de bronze sont créés par la fusion de matériaux solides dans un four à induction. Une fois les ferrailles appropriées de cuivre, de laiton et/ou de bronze mises dans le four, on amorce l'induction pour faire fondre le mélange. En analysant des échantillons extraits du four, on peut ajouter les quantités appropriées d'éléments pour obtenir l'alliage désiré. Lorsque le traitement de l'ensemble des matières premières chargées ou ***lit de fusion*** est complété, on coule habituellement le mélange dans des brames. Les dimensions typiques de ces brames varient d'une épaisseur de 150 à 200 mm (6 à 8 po) et d'une largeur de 600 à 1230 mm (24 à 48 po). L'une des longueurs courantes pour les brames est de 7,5 m (25 pi).

Le terme bronze est souvent utilisé à tort pour désigner des alliages de cuivre ne contenant que très peu ou pas d'étain. Par exemple, le *bronze au manganèse* est une expression improprement employée pour désigner du laiton à haute résistance contenant environ 58,5 % de cuivre, 1 % d'étain, environ 39 % de zinc, 0,28 % de manganèse et 1,4 % de fer.

3.5 Fabrication de l'aluminium

En général, on produit de l'aluminium en le séparant de l'oxyde (Al_2O_3) présent dans la bauxite. On le retrouve également sous plusieurs autres formes. L'oxyde d'aluminium extrait du minerai doit ensuite être dissout dans un bain de cryolithe (fluorure de sodium et d'aluminium). L'aluminium pur est obtenu par électrolyse grâce au ***procédé Hall-Héroult***, qui consiste à injecter un courant électrique dans le bain de cryolithe.

La cellule électrolytique utilisée pour ce procédé est un four découvert à parois de carbone. La cellule comprend des électrodes de carbone trempées dans une solution d'oxyde d'aluminium et de cryolithe. Un courant traversant la solution produit la réduction de l'oxyde d'aluminium. Par conséquent, de l'aluminium pur se dépose sur les parois du four, qui agissent en tant que cathode ou borne négative. Il suffit enfin de recueillir l'aluminium pur au

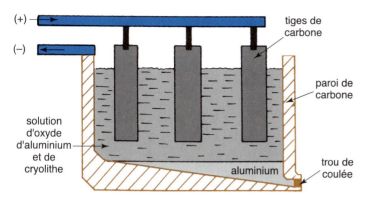

Figure 3-21. *Schéma de principe du procédé Hall-Héroult servant à produire de l'aluminium.*

fond de la cellule, comme le montre la figure 3-21. Ce type de four implique une opération en continu. À intervalles réguliers, l'aluminium liquide est coulé dans des lingotières et stocké pour un traitement ultérieur.

3.6 Fabrication du zinc

Le zinc est principalement produit par un *procédé de distillation*, dans lequel on chauffe du minerai de zinc avec du coke dans un creuset d'argile. Les vapeurs de zinc produites sont ensuite condensées dans un condenseur en argile. On peut également fabriquer du zinc avec un procédé électrolytique. Le zinc est surtout utilisé comme métal d'alliage et pour la galvanisation.

3.7 Transformation des métaux

À l'exception de l'acier, des aciers inoxydables et des fontes, la plupart des métaux sont coulés en lingots ou en moules pour un traitement ultérieur. Au besoin, ces moules peuvent être chauffés de nouveau à une température spécifique, selon le type de métal. On peut ensuite transformer le métal pour lui donner une forme finie ou semi-ouvrée en utilisant l'une ou l'autre des méthodes suivantes :

- Coulage
- Laminage (chaud ou froid)
- Forgeage
- Filage
- Tréfilage

Le coulage d'un métal dans un moule permanent ou en sable permet de fabriquer des objets aux formes complexes. Avec cette méthode, on peut également recourir à des moules stationnaires ou *centrifuges*.

Pour améliorer les propriétés physiques d'un métal et façonner les lingots en objets plus utiles, on utilise le laminage. Dans une aciérie, les lingots sont laminés en traversant les puissants rouleaux d'un *laminoir*. Selon les besoins, les lingots peuvent être transformés en blooms, en billettes, en brames, en plaques ou en feuilles. Ces objets peuvent subir des traitements supplémentaires de laminage pour devenir des rails, des profilés en T, des profilés en I, des cornières, des barres et ainsi de suite. La figure 3-22 illustre différentes formes typiques pouvant être réalisées par laminage. Certaines formes requièrent de nombreux traitements.

Le *forgeage* à l'aide de matrices ou de presses permet de créer des pièces plus solides que celles obtenues par coulage et qu'il serait très difficile de fabriquer par laminage. Cette méthode emploie des marteaux de forge et/ou des filières pour façonner le métal sous la forme désirée.

Le *filage* désigne un procédé par lequel un métal, normalement sous forme plastique, est poussé avec force à travers des filières qui lui donneront le profil recherché. Cette technique permet de fabriquer de longues pièces métalliques au profil uniforme.

Le *tréfilage* consiste à étirer du métal à travers des filières pour fabriquer des fils, des tubes ou des moulures. Le tréfilage est une méthode populaire qui permet de créer des produits métalliques conformes à des normes spécifiques.

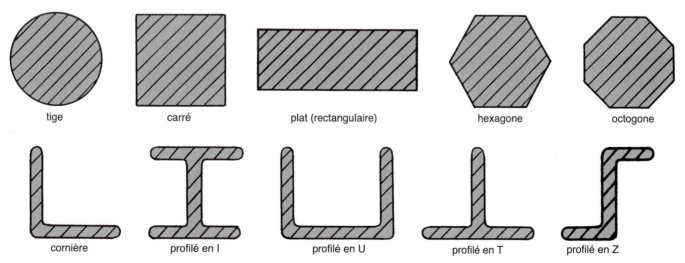

Figure 3-22. *Profils de pièces métalliques standard. Un procédé de soudage peut être utilisé pour combiner ces formes de base en structures plus complexes.*

Aujourd'hui, de nombreux produits métalliques aux formes trop complexes pour être fabriqués avec des méthodes usuelles sont créés grâce au procédé de *métal fritté*. Cette technique consiste à réduire le métal en une fine poudre, puis à le compresser dans un moule d'acier chauffé. Les propriétés physiques du produit fini se rapprochent sensiblement de celles du métal d'origine à l'état solide. La figure 3-23 montre un ensemble de matrices servant à créer des engrenages à partir de poudres métalliques. Ce procédé permet de créer des pièces conformes à des tolérances très serrées et ne requérant aucun usinage, meulage ou rectification subséquente.

3.8 Règles de sécurité

Soyez toujours très prudent si vous devez vous approcher d'un four contenant des métaux en fusion. N'oubliez pas que la température du fer liquide dépasse 1500 °C (2800 °F). **Toute manœuvre imprudente peut causer de très graves blessures, voire la mort.** Une manœuvre imprudente risque également d'endommager l'équipement. Toute projection de métal liquide se répandra très rapidement et brûlera à peu près tout ce qui est combustible. **Portez toujours des vêtements spéciaux, des demi-guêtres, des gants, des chaussures spéciales et un masque de protection. Les yeux et le visage doivent être protégés des étincelles et des éblouissements.**

Les règles de sécurité établies pour les travailleurs dans les fonderies et les installations de raffinage des métaux, de même que les règles de sécurité définies par les entreprises existent afin de protéger les personnes et garantir un environnement de travail sécuritaire. Observez toujours ces règles à la lettre.

Testez vos connaissances

1. Qu'est-ce que du coke?
2. Quelle est l'utilité de la castine?
3. La fonte brute est-elle ductile ou cassante?
4. Quels matériaux requiert-on dans un haut fourneau pour fabriquer de la fonte brute?
5. Pourquoi faut-il utiliser un flux dans un haut fourneau?
6. Que fait-on habituellement avec le saumon de fer créé dans les hauts fourneaux?
7. L'acier contient entre _____ % et _____ % de carbone.
8. Dans quel type de four produit-on la majeure partie de l'acier aux États-Unis?
9. Quel genre de four remplit-on de ferrailles d'acier? (*Indice*: La plupart des aciers inoxydables sont fabriqués dans ce type de four.)
10. Décrivez comment un four à arc électrique permet de produire de l'acier.
11. Quels sont les avantages du four à vide?
12. La majorité de l'acier fabriqué en Amérique du Nord est directement coulé en brames plutôt qu'en lingots avec le procédé _____.
13. Quel procédé (coulée continue ou fabrication de lingots) permet de sauver temps et argent dans la production de pièces semi-ouvrées?
14. Le type le plus commun de fonte est la fonte _____.
15. Que fait-on avec le métal liquide produit dans un cubilot?
16. Expliquez comment un four à induction permet de chauffer un matériau magnétique.
17. La fabrication du cuivre implique deux procédés. Le minerai de cuivre doit d'abord être réduit dans un _____ avant de subir un _____.
18. Comment fabrique-t-on de l'aluminium?
19. Quel(s) procédé(s) permet (permettent) de produire de longues pièces métalliques au profil uniforme?
20. Comment le métal est-il façonné au cours du procédé de forgeage?

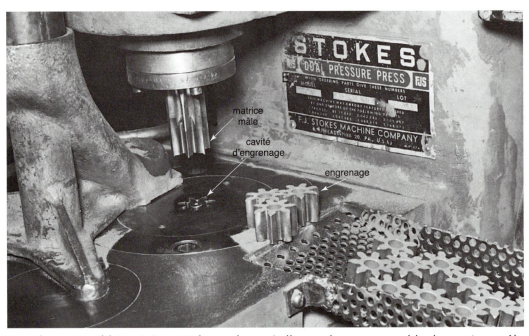

Figure 3-23. *Rotors de pompes fabriqués à partir de poudres métalliques dans un ensemble de matrices mâle et femelle.*

Chapitre 4
Propriétés et identification des métaux

Objectifs pédagogiques

Après l'étude de ce chapitre, vous pourrez :
* Décrire huit propriétés physiques des métaux.
* Trouver, à partir de tableaux, la résistance à la traction et la limite élastique de différents aciers au carbone non alliés.
* Définir les termes eutectique, solidus, liquidus et température critique.
* Déterminer la structure d'un acier en différents points du diagramme fer-carbone.
* Identifier de la fonte, de l'acier au carbone et des aciers alliés en effectuant un essai à l'étincelle sur une meuleuse en utilisant des tableaux comparatifs.
* Décrire les aciers non alliés à partir de leur désignation numérique SAE/ANSI.

Un soudeur doit posséder quelques moyens d'identification des métaux. Il doit également avoir une bonne compréhension de leurs constituants afin de résoudre les problèmes du soudage de façon intelligente. Les métaux sont divisés en deux groupes principaux :
* Les métaux ferreux
* Les métaux non ferreux

Le fer et ses alliages se classent dans les *métaux ferreux*. « Ferreux » vient de *ferrum*, signifiant fer en latin. Cette catégorie comporte tous les aciers, aciers à outils, aciers inoxydables et fontes. On soude un grand nombre de ces matériaux, et de façon très courante les aciers faiblement alliés. Parmi les autres métaux que l'on soude, on trouve les aciers au carbone et riches en carbone, les aciers alliés, les aciers inoxydables et la fonte.

Les *métaux non ferreux* sont les métaux ou alliages ne comportant pas de fer ou en quantité négligeable. Parmi les nuances les plus fréquemment rencontrées par le soudeur, on trouve le cuivre, le laiton, le bronze, l'aluminium, le magnésium, le titane, le zinc et le plomb. La variété des procédés de soudage aujourd'hui disponibles permet de souder pratiquement tous les métaux non ferreux.

4.1 Fer et acier

Le fer est produit par réduction de l'oxyde de fer, communément appelé *minerai de fer*, en saumon de fer ou fonte brute dans un fourneau à température extrême. De nombreux types de fours sont utilisés pour transformer le fer brut en différents aciers. Les deux fours les plus communs sont le four à oxygène basique et le four électrique. Voir le chapitre 3 pour plus d'information.

Un *acier au carbone* est un alliage de fer et d'une quantité contrôlée de carbone. Un *acier allié* est une combinaison d'un acier au carbone avec d'autres éléments métalliques en apports contrôlés bien définis. Le pourcentage de carbone détermine le type d'acier. Par exemple, le fer forgé possède 0,003 % de carbone. Les aciers faibles en carbone contiennent moins de 0,3 % de carbone. Les aciers au carbone à teneur moyenne en comportent entre 0,3 % et 0,55 %. Les aciers à haut et très haut carbone ont des teneurs respectivement entre 0,55 et 0,8 % et 0,8 à 1,7 %. Les fontes contiennent entre 1,8 et 4 % de carbone.

En général, dans un acier ou une fonte, le carbone se combine au fer afin de former de la *cémentite*, un composant très dur et fragile. La cémentite est également connue sous le nom de *carbure de fer*. Lorsque la teneur en carbone augmente dans l'acier, la dureté, la résistance mécanique et la fragilité s'accroissent également.

Un certain nombre de traitements thermiques existent afin de conserver aux aciers leur tenue mécanique aux forts taux de carbone, tout en évitant la fragilité associée aux aciers à haut carbone. Ainsi, les éléments d'alliage comme le nickel, le chrome, le manganèse, le vanadium et d'autres, peuvent être ajoutés à l'acier afin d'améliorer certaines propriétés physiques.

Un soudeur doit également savoir que des impuretés peuvent occasionnellement se trouver dans les métaux, et de quelle façon elles influencent la soudabilité. Parmi les éléments néfastes pouvant être détectés dans les métaux, on compte le soufre et le phosphore. Leur présence dans l'acier peut provenir de la composition du minerai ou peut résulter du mode d'élaboration. Ces deux éléments ont un effet négatif sur la qualité du soudage des aciers. C'est pourquoi, lors de la fabrication, un soin extrême est apporté pour limiter les impuretés à un maximum de 0,05 %.

Le soufre améliore l'usinabilité de l'acier au détriment de ses propriétés de mise en forme à chaud.

Lors de l'opération de soudage, le soufre ou le phosphore ont tendance à être rejetés sous forme de gaz dans le métal fondu. Après la solidification, ces poches de gaz dans la soudure provoquent une fragilité. Les inclusions de boues ou *laitier* (oxyde de fer) sont un autre type d'impuretés. Ces composants peuvent avoir été incorporés dans le métal lors du laminage. Certains d'entre eux peuvent provenir de sous-produits du procédé d'affinage utilisé pour le métal.

Ces impuretés peuvent aussi produire des *soufflures* dans la soudure et diminuer les propriétés physiques du matériau. Reportez-vous à la section 4.4.2 pour une procédure permettant d'évaluer si un acier contient des impuretés.

4.1.1 Propriétés physiques du fer et de l'acier

Une *propriété physique* est une caractéristique pouvant être observée ou mesurée. Comme nous l'avons mentionné précédemment, les propriétés physiques d'un acier sont affectées par :
- La teneur en carbone
- Les impuretés
- L'addition de divers éléments d'alliage
- Le ou les traitements thermiques

Au chapitre 6, on trouvera la description de machines utilisées pour déterminer les propriétés physiques des métaux. Ces machines d'essai sont utilisées dans les ateliers de soudage pour permettre aux opérateurs d'identifier les matériaux et de vérifier les propriétés physiques des assemblages soudés.

Les propriétés suivantes sont parmi les plus importantes pour les aciers :
- Résistance en traction
- Résistance en compression
- Dureté
- Allongement
- Ductilité
- Fragilité
- Ténacité
- Taille de grain

La *résistance en traction* est la capacité d'un métal à résister à une sollicitation tendant à l'allonger. Cette propriété peut être mesurée sur une machine d'essai de traction qui applique une charge d'étirement sur le métal. La figure 4-1 illustre les types de chargement pouvant être imposés aux structures. La figure 4-2 montre comment la résistance en traction, l'allongement (expliqué plus bas) et la limite élastique sont affectés par la teneur en carbone de l'acier. Lorsque le carbone est de plus en plus concentré, la résistance en traction et la limite élastique augmentent dans un premier temps, puis diminuent. (La limite élastique est le point sur la courbe contrainte-déformation à partir duquel le métal commence à se déformer plastiquement).

La *résistance à la compression* d'un métal est la mesure de la force qu'il peut opposer sous l'action d'une pression avant de rompre. Le métal est testé de façon similaire à l'essai de traction, mais au lieu de tirer sur l'éprouvette, une force de compression lui est appliquée.

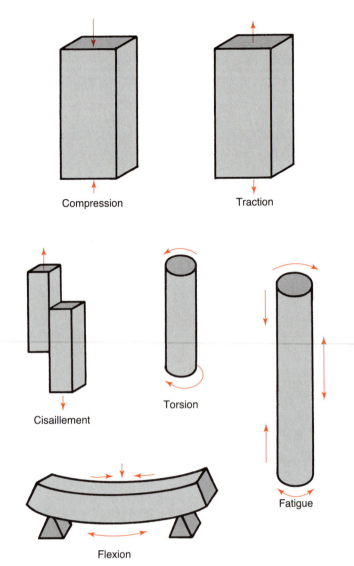

Figure 4-1. Types de sollicitations ou chargements imposés à des structures : compression, traction, cisaillement, torsion, flexion et fatigue. En flexion, la face inférieure est sollicitée en traction tandis que la surface supérieure est en compression. En fatigue, une vibration ou une inversion répétée de la charge est appliquée. Le chargement en fatigue peut être de la compression, de la traction, du cisaillement, ou une combinaison de ces sollicitations.

La *dureté* est la caractéristique qui permet à un métal de résister à la pénétration. Les essais Rockwell, Brinell, par scléroscope Shore ou autres peuvent être utilisés pour déterminer la dureté d'un métal. Voir la section 6.14 pour obtenir des informations sur les essais de dureté.

L'*allongement* est la mesure de la déformation par étirement d'un métal avant qu'il ne se rompe. L'allongement, également exprimé en pourcentage, est mesuré lors de l'essai de traction. Deux marques sont placées sur l'éprouvette de traction à une distance donnée, généralement 50,8 mm (2″). La distance entre les marques est à nouveau mesurée après la rupture de l'échantillon. La valeur originale est comparée à l'augmentation de

EN/NF	SAE AISI	Teneur en carbone en pourcent	Résistance à la traction		Limite élastique		Allongement en pourcent
			psi	MPa	psi	MPa	
	1006	0,06	43 000	300	24 000	170	30
C10, C10E, E235	1010	0,10	47 000	320	26 000	180	28
C22, C22R	1020	0,20	55 000	380	30 000	210	25
C30E, C30R	1030	0,30	68 000	470	37 500	260	20
C40, C40E	1040	0,40	76 000	520	42 000	290	18
C50, C50E	1050	0,50	90 000	620	49 500	340	15
C60E, C60R	1060	0,60	98 000	680	54 000	370	12
C67S, C75S	1070	0,70	102 000	700	56 000	390	12
40NiCrMo3, 42CD4	1080	0,80	112 000	770	56 000	390	12
45Cr2, 30NC11	1090	0,90	122 000	840	67 000	460	10
C100S, C92D	1095	0,95	120 000	830	66 000	460	10

Figure 4-2. Modifications approximatives des propriétés physiques d'aciers au carbone lorsque la teneur en carbone évolue.

longueur afin de déterminer un pourcentage de déformation. Un métal ayant un allongement de plus de 5 % est considéré comme ductile. Pour des valeurs inférieures à 5 %, le matériau est dit fragile. La formule donnant l'allongement en pourcent est :

$$\text{Allongement \%} = \frac{L_f - L_i}{L_i} \times 100$$

L_f étant la longueur finale entre les marques, L_i la longueur initiale (50,8 mm ou 2″). La figure 4-2 montre comment l'allongement d'un acier diminue lorsque sa teneur en carbone augmente.

La *ductilité* est la capacité d'un métal à être déformé par étirement. Il existe d'autres termes se référant à cette même propriété : formabilité, malléabilité, aptitude au façonnage. Un métal très ductile, comme le cuivre ou l'aluminium, peut être extrudé dans une filière afin de former du fil.

La *fragilité* est l'opposé de la ductilité. Un métal fragile va se rompre s'il est plié ou si on lui porte un coup avec un objet pointu. La plupart des fontes sont fragiles.

La *ténacité* est la caractéristique permettant d'éviter que des fissures ne se propagent ou avancent. Un métal est dit tenace s'il peut supporter un impact ou un chargement de type choc.

La *taille de grain* et la microstructure d'un métal peuvent être observées à l'aide d'un microscope. La microstructure est la structure métallographique que l'on voit à travers le microscope. Des clichés microscopiques fournissent de bonnes indications sur le traitement thermique d'un métal, sa résistance en traction et sa ductilité.

Avant d'étudier ces propriétés en détail, le soudeur doit être initié aux effets du carbone sur les propriétés de l'acier et avoir une connaissance des alliages en général.

4.1.2 Métaux alliés

Un alliage peut être défini comme un mélange intime de deux composants ou plus. Tous les métaux ferreux ou non ferreux peuvent être alliés afin de constituer une nuance ayant des caractéristiques nouvelles et correspondant aux spécifications.

L'acier est une combinaison entre le fer et une quantité contrôlée de carbone. Les aciers alliés sont créés en ajoutant d'autres éléments aux aciers au carbone. Voici quelques éléments qui peuvent être utilisés, avec les qualités qu'ils confèrent aux aciers :

- Chrome – augmente la résistance à la corrosion; améliore la dureté et la ténacité; rend l'acier plus sensible aux traitements thermiques.
- Manganèse – augmente la résistance mécanique et la sensibilité aux traitements thermiques.
- Molybdène – augmente la ténacité et la résistance mécanique aux plus hautes températures.
- Nickel – augmente les caractéristiques de résistance, ductilité et ténacité.
- Tungstène – produit des grains fins et denses, permet à l'acier de conserver sa dureté et sa résistance mécanique à haute température.
- Vanadium – retarde la croissance des grains et améliore la ténacité.

La température de fusion d'un acier est quelque peu modifiée lorsqu'un élément d'alliage est ajouté. On peut l'illustrer par l'examen de la courbe de refroidissement pour un alliage simple (figure 4-3).

Un *alliage binaire* est constitué de deux métaux, quelles que soient leur proportions. Un exemple de ce type d'alliage est la combinaison de l'étain et du plomb que l'on appelle brasure. La température de fusion du plomb est de 327 °C (621 °F). Celle de l'étain est de 232 °C (450 °F). Cependant, tout mélange de ces deux éléments fondra à une température inférieure à 327 °C (621 °F). Pour une certaine proportion des métaux, un minimum de température de fusion est atteint. En ce point l'alliage se *solidifie* (passe de l'état liquide à l'état solide) à une température unique et non plus dans un intervalle de température. Ce point est appelé *mélange eutectique*, comme indiqué à la figure 4-3.

Dans ce diagramme, pour des températures globalement en-dessous de la ligne 1-2, une partie du plomb est solide tandis que la majorité de l'étain est liquide. Lorsque l'alliage se refroidit, les fractions résiduelles de plomb et d'étain deviennent solides sur la ligne 4-2. De la même façon, sous la ligne 2-3, une partie de l'étain est solidifié et la majorité du plomb reste liquide. Au niveau de la ligne 2-5, l'ensemble de l'étain et du plomb restant devient solide.

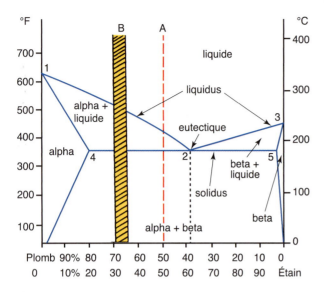

Figure 4-3. Diagramme étain-plomb. La ligne A représente l'alliage de brasure commun Pb-Sn 50-50 ; la ligne B représente l'intervalle dans lequel on trouve l'essentiel des pâtes à braser. Un alliage se solidifie dans un intervalle de températures. Il commence à se solidifier sur le liquidus. Il termine sa solidification au niveau du solidus.

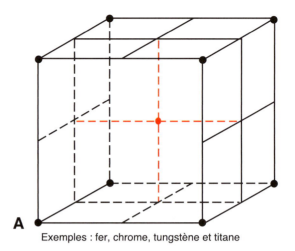

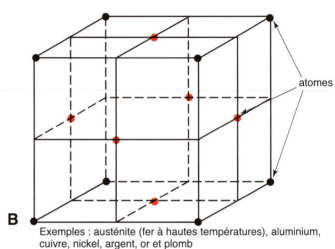

Entre les points 4 et 5, les alliages suivent le même solidus (point de démarrage de la fusion). Dans la zone à gauche de la ligne 1-4, l'alliage reste solide jusqu'à cette ligne appelée *alpha*. Dans la zone à droite de la ligne 3-5, l'alliage reste solide jusqu'à cette ligne appelée *beta*. Les autres régions du diagramme sont des mélanges de phases alpha, beta et de liquide. Toutes ces régions sont explicitées sur la figure 4-3.

4.2 Courbes de refroidissement

À la pression atmosphérique, la température d'un métal pur (non allié) demeure constante lorsque celui-ci passe de la phase solide à la phase liquide. Si un métal pur est chauffé jusqu'à sa température de fusion avec un apport de chaleur constant, un thermomètre indiquera une élévation constante de la température en fonction du temps. Elle augmentera jusqu'à ce que le métal atteigne sa température de fusion. Lorsque le métal est en train de fondre, la température va rester constante pendant une certaine durée. Pendant ce laps de temps, le métal absorbe de l'énergie calorifique. Elle est nécessaire afin que les atomes du métal acquièrent une énergie suffisante pour rompre les liaisons solides et que la matière devienne liquide. Après cette transition de phase, la température augmente à nouveau lorsque le métal est chauffé.

Lorsqu'un métal est refroidi à partir de la phase liquide, on peut observer une diminution de la température jusqu'au moment où il se solidifie. Alors, la température restera constante pendant que les atomes de métal retournent à leur structure moléculaire correspondant à l'état solide.

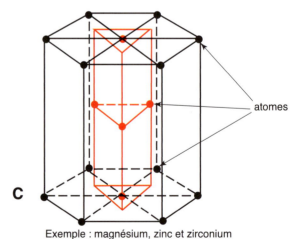

Figure 4-4. Les trois types de structures cristallines.
A – Cubique centrée. B – Cubique faces centrées.
C – Hexagonale compacte.

Pendant cette période où les atomes changent de position, le métal libère de la chaleur. Après que le métal se soit solidifié, la température diminue à nouveau pour finalement atteindre la température ambiante.

La fusion et la solidification d'un *alliage* diffèrent légèrement de celles d'un métal pur. Les alliages ne se solidifient pas à une température donnée. La solidification se passe sur un intervalle de températures. Cela est illustré à la figure 4-3. L'alliage représenté par la ligne A commence à se solidifier lorsqu'il croise la ligne du solidus 4-5.

Une transformation autre que solide-liquide ou liquide-solide est possible. Un solide peut évoluer d'une forme à l'autre, comme pour le fer et l'acier. Il existe trois structures typiques.

L'une est la structure **cubique centrée**. Il y a un atome à chaque sommet d'un cube et un au centre (figure 4-4). C'est la structure de l'acier à température ambiante. Une seconde structure est appelée **cubique faces centrées**. Il y a également un atome à chaque sommet, mais aussi un au centre de chaque face. C'est la structure de l'austénite, une phase de l'acier au-dessus de 727 °C (1341 °F). L'aluminium possède également une structure cubique face centrée. Le troisième type est la structure **hexagonale compacte**. Ces trois structures sont illustrées à la figure 4-4.

Lorsqu'un alliage change de structure, il y a un retard dans l'élévation ou la diminution de température, de façon identique à un changement de phase. Les températures auxquelles la phase change ou des modifications microstructurales se produisent dépendent énormément de la composition de l'alliage. Ces températures sont importantes lors des traitements thermiques et sont souvent appelées *températures critiques*. Les températures critiques pour l'acier sont illustrées sur le diagramme fer-carbone, figure 4-5.

4.3 Diagramme fer-carbone

Le *diagramme fer-carbone*, figure 4-5, présente les températures importantes pour l'acier et la fonte. Ce diagramme est très important pour les opérations de production, formage, soudage et traitement thermique des aciers et des fontes. Avant de l'utiliser, il est nécessaire d'en comprendre parfaitement chaque région.

Chacune des régions du diagramme est désignée par ses composants. Des lettres en majuscules noires ont également été ajoutées afin d'aider à la localisation des différentes régions lorsqu'elles sont abordées dans le texte. (Ces lettres en noir ne font normalement pas partie du diagramme fer-carbone.)

La **ferrite**, région marquée A, contient une très petite quantité de carbone. La ferrite est aussi connue sous le terme de ferrite alpha ou fer alpha. Cette phase contient un maximum de 0,02 % de carbone à 727 °C (1341 °F). Lorsque la température augmente jusqu'à 912 °C (1674 °F), la teneur en carbone dans la ferrite tend vers zéro. Aussi, lorsque la ferrite est refroidie à température ambiante, la quantité de carbone diminue.

Tous les aciers et fontes contiennent de la ferrite. Cette phase comporte la même quantité de carbone, quelle que soit la teneur en carbone de l'acier ou de la fonte. La ferrite se forme seule dans les régions A et E. Elle se forme conjointement à de la cémentite et est désignée par le terme perlite dans les régions E, F et G. La formation de la

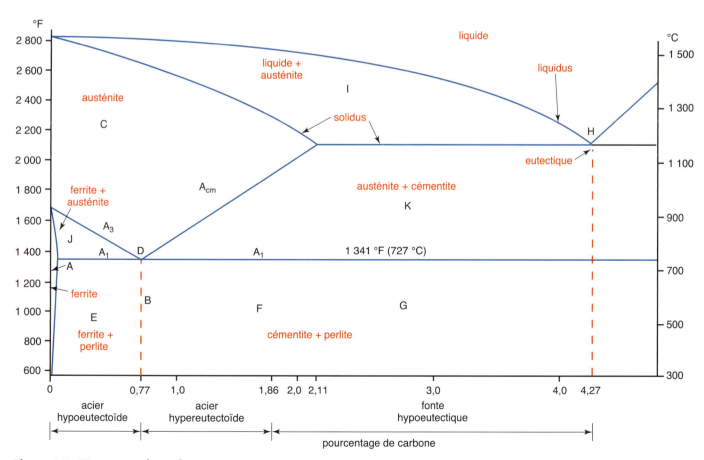

Figure 4-5. Diagramme fer-carbone.

Figure 4-6. Microstructure perlitique. Les régions sombres sont de la cémentite, les régions claires, de la ferrite.

ferrite commence dès qu'un acier ou une fonte est refroidie en dessous de 727 °C (1341 °F). La structure ferritique est cubique centrée et est à la fois ductile et tenace.

La *cémentite* pure a la formule moléculaire Fe_3C. Elle contient 6,69 % de carbone. A cause de cette haute teneur en carbone, la cémentite pure n'est pas indiquée sur la figure 4-5. Comme mentionné auparavant, une concentration forte en carbone s'accompagne d'une augmentation de la dureté et de la fragilité. La cémentite, avec sa forte teneur en carbone, est dure et fragile. Cette phase est aussi connue sous le terme *carbure de fer*.

Quel que soit l'endroit où la cémentite est présente dans le diagramme fer-carbone, elle contient toujours 6,69 % de carbone. Dans la région K, entre les températures 1152 °C (2106 °F) et 727 °C (1341 °F), la cémentite est mélangée à de l'austénite. En dessous de 727 °C (1341 °F) on peut trouver de la cémentite seule (dans les régions F et G), ou combinée à de la ferrite sous forme de perlite (régions E, F, et G). Par conséquent, la cémentite se forme dans tous les aciers et fontes.

La *perlite* est une combinaison de ferrite et de cémentite. Ces deux phases se trouvent en couches alternées dans la microstructure. Cette microstructure est illustrée à la figure 4-6. La perlite pure (ligne B) se forme à 727 °C (1341 °F), et contient 0,77 % de carbone. Cette phase comporte toujours 0,77 % de carbone. Dans un acier ayant une teneur moindre en carbone, on trouve de la perlite et de la ferrite, comme dans la région E. Pour un acier ou de la fonte contenant plus de 0,77 % de carbone, la perlite se forme avec de la cémentite (régions F et G).

L'*austénite*, région C, est la dernière zone importante sur le diagramme fer-carbone. Cette phase est stable au-dessus de 727 °C (1341 °F) et en dessous de 1538 °C (2800 °F). L'austénite peut contenir 1,86 % de carbone. Même si elle ne se forme pas à température ambiante, c'est une région importante pour le traitement thermique des aciers. C'est une structure cubique faces centrées, qui est différente de la structure cubique centrée de la ferrite.

Voir la figure 4-4 pour les différentes structures. L'austénite est également appelée *fer gamma*.

Le *point eutectoïde*, D, est un point important sur le diagramme fer-carbone. Il se situe à 0,77 % de carbone et 727 °C (1341 °F). Lorsque le refroidissement d'un acier passe par ce point, de la perlite se forme.

Très peu d'aciers ont une composition eutectoïde exacte. La plupart d'entre eux contiennent moins de carbone que le mélange eutectoïde et sont désignés par *aciers hypoeutectoïdes* (région E). La microstructure de ces aciers est une combinaison de ferrite et de perlite. Ceux ayant une teneur en carbone supérieure à celle de l'eutectoïde sont appelés *aciers hypereutectoïdes* (région F). La microstructure d'un acier hypereutectoïde est une combinaison de cémentite et de perlite.

Le *point eutectique* H est un autre point important du diagramme. Il est situé à 4,27 % de carbone et 1146 °C (2095 °F). La réaction en ce point est similaire à celle se produisant au point eutectoïde. L'eutectique est le point où un liquide se transforme en deux solides, de l'austénite et de la cémentite. Au point eutectoïde, un solide (austénite) se transforme en deux autres solides, i.e. ferrite et cémentite, soit de la perlite.

Le domaine de la fonte se situe entre 1,8 et 4 % de carbone. Ces fontes ont une composition moindre que celle de l'eutectique et sont dites *fontes hypoeutectiques* (région G).

Il reste trois régions sur le diagramme fer-carbone : *liquide plus austénite*, *ferrite plus austénite* et *austénite plus cémentite*. Lorsqu'un acier ou une fonte est refroidi en passant par la zone liquide plus austénite (région I), la phase liquide se transforme en austénite. Lorsque le refroidissement d'un acier traverse la région ferrite plus austénite (J), l'austénite se transforme en ferrite. De même si un acier ou une fonte est refroidi à travers la région austénite plus cémentite (région K), l'austénite se transforme en cémentite.

Les *lignes* importantes sur le diagramme fer-carbone sont également légendées. Le *liquidus* commence à 1538 °C (2800 °F) et descend jusqu'au point 1146 °C (2095 °F) et 4,27 % de carbone, puis augmente à nouveau. Le *solidus* débute également à 1538 °C (2800 °F) et diminue jusqu'à 1146 °C (2095 °F) et 2,11 % de carbone. Cette température de solidus de 1146 °C (2095 °F) se maintient lorsque la teneur en carbone augmente au-delà de 2,11 %. La ligne horizontale à 727 °C (1341 °F), soit la température eutectoïde, est la température critique la plus faible pour les aciers. Elle est connue sous le terme A1. La température critique supérieure pour les aciers hypoeutectoïdes est appelée A_3. Elle débute à 912 °C (1674 °F) et descend jusqu'à rejoindre l'eutectoïde. Pour un acier hypereutectoïde, la température critique supérieure se nomme A_{cm}. Elle suit la ligne du solidus entre l'eutectoïde jusqu'au point à 2,11 % de carbone. Les lignes A_1, A_3 et A_{cm} se retrouvent sur la plupart des diagrammes fer-carbone.

Beaucoup d'aciers contiennent moins de 1 % de carbone. Une modification mineure de la teneur en cet élément peut changer radicalement les caractéristiques d'un acier. La teneur en carbone est spécifiée en centièmes de pourcent. On peut abréger la dénomination en omettant de préciser « carbone ». Donc un acier contenant 0,1 % de

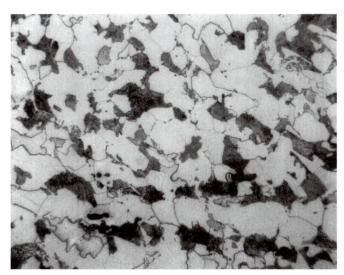

Figure 4-7. Microstructure d'un acier 1020. Les zones blanches sont des grains de ferrite. Le reste est de la perlite.

carbone est désigné par « acier à 0,1 % ». Celui avec 0,85 % de carbone est un acier à 0,85 %.

À titre d'exemple, pour illustrer la manière dont un acier se solidifie, nous allons suivre l'évolution d'un acier au carbone à 0,2 % lorsqu'il est refroidi à travers un intervalle complet de températures. Initialement l'acier est liquide à une température au-dessus de 1538 °C (2800 °F). L'acier en fusion se refroidit jusqu'à atteindre la ligne du liquidus. À ce point, de l'austénite solide commence à se former. À ce moment, l'acier est dans la zone liquide plus austénite, région I. Il continue à se refroidir jusqu'à toucher la ligne du solidus où il est complètement solide. L'acier solide traverse la zone de l'austénite, région C. Lorsqu'il coupe la ligne A_3, il commence à se transformer en ferrite. De la ferrite continue à se former jusqu'à ce que la température eutectoïde soit atteinte, soit A_1. À ce moment-là, l'austénite résiduelle se transforme en perlite. Aucun changement supplémentaire n'a lieu lors du refroidissement final à température ambiante. La structure résultante possède des grains de ferrite et des zones perlitiques. On peut observer la microstructure d'un acier à 0,2 % à la figure 4-7.

Le diagramme fer-carbone est donc très important pour le traitement thermique des aciers. La résistance mécanique et la ductilité d'un acier peuvent varier dans une large proportion selon le traitement choisi (voir chapitre 5).

4.4 Identification des fontes et de l'acier

Un soudeur doit être capable d'identifier avec précision la composition d'un acier devant être utilisé. La façon la plus souhaitable d'obtenir cette composition est d'avoir un certificat matière de la part du fabricant et de l'adresser dans un dossier. Il doit être spécifié que le métal livré correspond aux informations fournies dans le dossier. Dans presque toutes les fonderies, les produits bruts sont marqués de façon à être clairement identifiés.

Il arrive que la composition ne soit pas fournie par le fabricant. Cela arrive fréquemment en réparation par soudage. Dans ce cas, il faut utiliser d'autres méthodes afin de déterminer la composition du métal. De nombreux essais ont été développés afin d'identifier les aciers et les fontes. On trouvera dans la liste suivante ceux qui sont les plus communs en atelier :

- Essai d'étincelles, utilisant une meuleuse électrique
- Essai à la flamme oxyacétylénique
- Essai de rupture
- Test de couleur
- Mesure de densité ou masse spécifique
- Résonance du métal contre une autre pièce métallique
- Test de magnétisme
- Test du copeau

Sur l'ensemble de ces essais, la couleur, la densité, le son et la vérification du magnétisme peuvent être effectués de manière quasi automatique, lorsque le soudeur travaille sur ces divers métaux. Les essais à l'étincelle et celui utilisant la torche doivent être réalisés dans des conditions de préparation minutieuses. Ces tests indiquent de façon remarquablement précise les propriétés et les constituants des métaux.

4.4.1 Essai à l'étincelle

La méthode d'essai à l'étincelle est largement utilisée par les soudeurs pour identifier les aciers ou fontes. On effectue ce test au moyen d'une meuleuse électrique. **Lorsque vous meulez, il faut impérativement porter des lunettes protectrices.** La meuleuse doit être inspectée afin de vérifier qu'elle est en bon état avant le test. Le test consiste à toucher légèrement l'échantillon avec le bord de la lame rotative. La friction du disque de meulage en contact avec le métal chauffe les particules extraites jusqu'à l'incandescence et la température de brûlage. Les étincelles qui résultent du contact sont différentes selon les aciers. Plus le contact est léger, meilleur est le test. Il est recommandé d'utiliser un fond noir pour mieux identifier les étincelles.

La théorie du test à l'étincelle est la suivante : lorsqu'un métal est chauffé, les différentes composantes s'oxydent à différentes vitesses et les couleurs d'oxydation résultantes sont différentes. Lorsque du fer presque pur est chauffé par meulage, il ne s'oxyde pas vite. Les étincelles sont longues et s'éteignent doucement au refroidissement. Les différents mélanges de carbone et de fer ont différentes températures d'inflammation lorsqu'ils sont touchés par la meuleuse. Par conséquent, les caractéristiques des étincelles diffèrent lorsque la teneur en carbone augmente dans l'acier ou la fonte. Quatre caractéristiques des étincelles indiquent généralement la nature et l'état de l'acier. Ce sont :

- La couleur de l'étincelle
- La longueur de l'étincelle
- Le nombre de projections le long de chaque étincelle
- La forme de ces projections (avec des ramifications, de façon répétée)

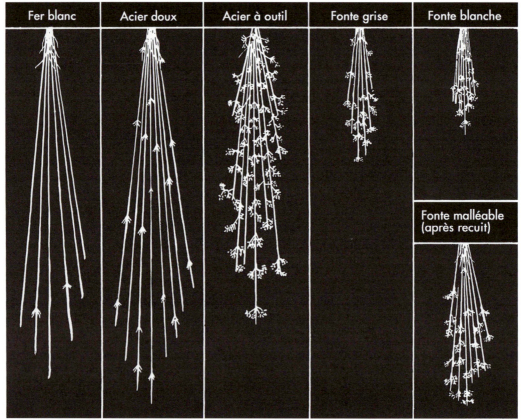

Figure 4-8. Essai à l'étincelle pour les aciers et fontes communs.

Métal	Volume de la gerbe	Longueur relative de la gerbe*	Couleur proche de la meuleuse	Couleur des traits en fin de trajectoire	Quantité de projections	Nature des projections
Fer blanc	Large	1,65 m (65")	Paille	Blanc	Très peu	Ramifiées
Acier d'usinage (AISI 1020)	Large	1,78 m (70")	Blanc	Blanc	Peu	Ramifiées
Acier à outil	Modérément large	1,4 m (55")	Blanc	Blanc	Beaucoup	Fines et répétées
Fonte grise	Faible	0,64 m (25")	Rouge	Paille	Plusieurs	Fines et répétées
Fonte blanche	Très faible	0,51 m (20")	Rouge	Paille	Peu	Fines et répétées
Fonte malléable	Modéré	0,76 m (30")	Rouge	Paille	Plusieurs	Fines et répétées

* Les données sont uniquement relatives à un disque de meulage de 30 cm (12"). La longueur réelle variera avec le disque utilisé, la pression, etc.

Figure 4-9. Tableau des caractéristiques de l'essai d'étincelles sur les aciers et fontes communs.

Par exemple, un acier doux à 0,2 % va présenter de longues étincelles blanches qui se projettent à environ 1,8 m (70") de la meuleuse (en utilisant un disque de 30 cm ou 12"). Certaines de ces étincelles vont soudainement exploser, répandant de petites projections selon un angle d'approximativement 45° par rapport à la trajectoire de l'étincelle d'origine. Un acier à 0,3 % produira des étincelles similaires à celles de l'acier précédent, à ceci près que plus d'entre elles exploseront. La longueur totale des étincelles diminuera légèrement. Cela permet d'illustrer le fait que lorsque la teneur en carbone augmente, les explosions d'étincelles deviennent plus fréquentes. Donc, lorsque la teneur en carbone augmente, la longueur des étincelles diminue. L'exemple de la figure 4-8 montre un acier à haut carbone à 0,8 % produisant des étincelles très courtes avec des explosions immédiates. Les étincelles disparaissent très rapidement. La figure 4-9 est une table présentant des résultats caractéristiques de tests à l'étincelle. La figure 4-10 montre une meuleuse portable produisant une gerbe de longues étincelles.

Lors d'un essai sur les métaux à taux de carbone plus élevé, on peut rester indécis entre un acier à très haut carbone et de la fonte, car les étincelles sont presque les mêmes. Les traitements thermiques ont quelques effets sur la nature des étincelles. Dans le cas de la fonte, l'étincelle à son départ est d'un rouge terne et se projette à seulement 51 à 64 cm de l'outil (20 à 25"). Pour un acier à haut carbone, environ 1,3 %, l'étincelle est blanche à proximité de la meule.

La trajectoire est généralement un peu plus longue que dans le cas de la fonte. Dans les deux cas, on observe une explosion discrète juste avant l'extinction. Le nombre d'explosions est également considérablement inférieur à ce qu'on pourrait attendre d'un métal contenant autant de carbone.

4.4.2 Essai à la flamme oxyacétylénique

Même si on connaît la composition physique et chimique d'un métal, il est nécessaire de connaître ses propriétés de soudabilité. Par exemple, des tôles en acier laminé à froid peuvent avoir de très bonnes caractéristiques physiques et chimiques. Cependant, lors du processus d'élaboration, des impuretés ont été ajoutées au métal, ou il a été traité de façon à modifier ses propriétés. Le métal ne va pas fondre et fusionner facilement. Finalement la soudure ne sera pas satisfaisante. Les impuretés incluses dans le métal sont souvent la cause de ce problème. En général, ce sont des scories ou des salissures provenant du laminoir, ou encore un excès de soufre ou de phosphore. Pour ces raisons, un soudeur doit soumettre les pièces en acier au *test de la flamme oxyacétylénique*.

Dans sa pratique, l'essai consiste à créer une zone fondue dans l'acier. Si la pièce est fine, le bain fondu traverse la tôle jusqu'à former un trou. La fusion doit être effectuée avec une flamme neutre, positionnée à une distance appropriée de la pièce métallique. La zone en fusion ne doit pas produire d'étincelles de façon excessive, ni être en ébullition. Le métal doit être fluide et avoir une bonne tension superficielle. L'apparence des bords du bain fondu, ou du trou, fournit des indications sur la soudabilité de l'acier. Si le métal ayant été fondu s'est solidifié en une surface d'apparence plane et brillante, il est généralement considéré comme ayant une bonne aptitude au soudage. Au contraire, si le métal est terne ou si sa surface est colorée, il sera peu adapté au soudage.

Figure 4-10. Une meuleuse portable est utilisée pour préparer une pièce au soudage. La gerbe d'étincelles est large, blanche, et n'a que très peu d'explosions. Cela indique que le matériau est de l'acier doux.

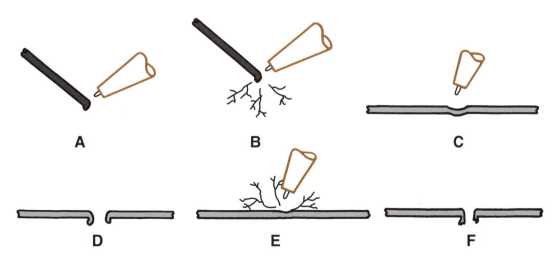

Figure 4-11. Test à la flamme : A – Fil d'apport de bonne qualité. B – Fil d'apport de mauvaise qualité. C, D – Métal de base de bonne qualité. E, F – Métal de base de mauvaise qualité

Figure 4-12. Faciès de rupture de différents métaux.

L'acier sera également considéré peu soudable si la surface est rugueuse (éventuellement si on observe des piqûres ou des projections poreuses).

Ce test est assez précis pour la plupart des opérations de soudage. Il est très facilement mis en œuvre avec le matériel disponible sur le poste de travail. Il détermine la caractéristique la plus fondamentale à tout travail de soudage : la soudabilité du métal. La figure 4-11 montre de quelle façon cet essai est conduit. Lorsqu'on procède à un test de soudabilité d'un métal, il est important de noter la quantité d'étincelles émises par le métal en fusion. Un métal émettant peu d'étincelles aura de bonnes qualités au soudage.

4.4.3 Essais d'identification divers

En plus de l'essai à l'étincelle et à la torche, six autres tests sont occasionnellement utilisés dans l'atelier de soudage. L'*essai de rupture* est très courant et consiste à rompre en deux un morceau de métal. S'il s'agit d'une réparation, le faciès de rupture doit être inspecté. L'apparence de la surface le long de la fissure de rupture indique la structure des grains du métal. Si les grains sont de grande taille, le métal est ductile mais peu résistant. Si les grains sont petits, le métal est généralement plus résistant et a une meilleure ténacité. On préfère en général des grains de petite taille. La rupture fait apparaître la couleur du métal, ce qui est un bon moyen de le distinguer d'un autre. L'essai indique également le type de métal grâce à la facilité avec laquelle on le rompt. La figure 4-12 présente les apparences des faciès de rupture pour un certain nombre de métaux différents.

Le *test de couleur* permet de faire la distinction entre deux catégories principales de métaux. Les fontes et les aciers présentent typiquement une couleur gris-blanc. Les métaux non ferreux sont répartis selon deux classes de coloris, jaune et blanc. Le cuivre peut être aisément identifié par le soudeur, de même que le laiton et le bronze.

L'aluminium est un métal blanc. Les alliages d'aluminium, le zinc et les nuances semblables sont gris argent, avec des variations de ton. Les métaux peuvent aussi être différenciés grâce à un essai de poids ou de densité sur un échantillon. Un bon exemple d'identification par un *test de densité* ou de *masse volumique* est la différenciation entre l'aluminium et le plomb. Leurs couleurs sont globalement similaires, mais tout le monde pourra distinguer les deux métaux de par leur poids différents. Le plomb pèse à peu près trois fois plus que l'aluminium.

Le *test de résonance*, ou essai de son d'un métal est une manière simple d'identifier certains métaux après avoir acquis une certaine expérience. Il est largement utilisé pour distinguer les aciers traités thermiquement des aciers recuits. Il est également utile pour différencier les métaux purs de leurs alliages, par exemple l'aluminium et le duralumin, ou un alliage d'aluminium et le cuivre. L'aluminium pur produit un son plus mat que le duralumin qui est plus dur et sonne plus clairement.

L'*essai de magnétisme* est un test élémentaire pour différencier le fer et les aciers des métaux non ferreux. En général, tous les aciers sont affectés par le magnétisme tandis que les métaux non ferreux n'y sont pas sensibles. Cependant, certains *aciers inoxydables* ne sont pas magnétiques.

L'*essai de copeau* nécessite une expérience considérable. Dans ce test, l'action d'un burin va permettre d'indiquer la structure et le traitement thermique d'un métal. Par exemple, la fonte produira de petites particules, tandis qu'un copeau d'acier doux formera des boucles qui s'accrocheront sur la pièce d'origine. Les aciers à haut carbone et ceux traités thermiquement ne peuvent pas être testés par ce moyen à cause de leur dureté.

Pour distinguer grossièrement un acier doux et un acier au chrome-molybdène, on peut comparer les duretés relatives de métaux lorsqu'on les coupe à la scie à métaux.

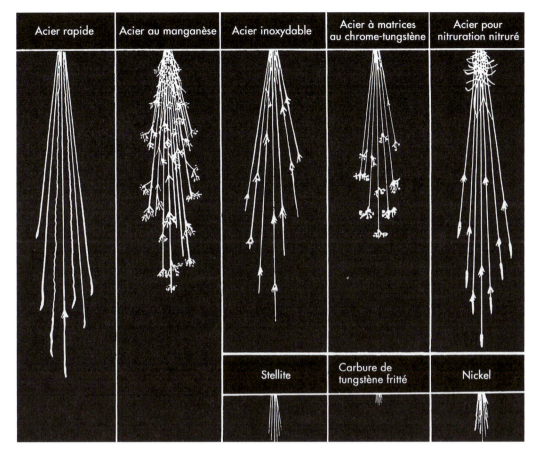

Figure 4-13. Essai à l'étincelle pour différents aciers et métaux alliés.

4.5 Identification des alliages ferreux et des aciers alliés

Des recherches étendues ont été menées sur les alliages ferreux et les aciers au carbone afin de trouver d'autres éléments pouvant être ajoutés afin d'améliorer ou de conférer certaines propriétés à ces métaux. Ces développements se sont concentrés sur deux domaines principaux : les aciers inoxydables et les aciers faibles en carbone. Ces métaux sont quelquefois difficiles à distinguer des aciers ordinaires. Pourtant, le type de métal à souder doit être connu puisque sa composition affecte notablement ses propriétés au soudage.

Des éléments d'alliages sont ajoutés aux aciers au carbone afin de développer ou d'améliorer différentes propriétés du métal. Les aciers inoxydables en sont un exemple. Les éléments d'alliage servent ici à les protéger contre la corrosion, ainsi qu'à augmenter certaines propriétés comme la ténacité ou la résistance mécanique. Ces métaux sont des combinaisons variables de chrome et de nickel, associés à du molybdène, du titane, du zirconium, de l'aluminium ou du tungstène.

Ces éléments complémentaires sont ajoutés à l'acier pour lui conférer une meilleure résistance, augmenter sa dureté et/ou sa ténacité. L'usage du tungstène est un bon exemple d'ajout d'élément d'alliage. Une très petite quantité de tungstène dans un acier le rend extrêmement dur sans détériorer ses autres qualités de façon notable. Les aciers faibles en carbone sont améliorés par l'addition de divers éléments. Ces alliages sont produits dans le but d'obtenir des aciers plus résistants à un coût minimum. On les appelle souvent aciers faiblement alliés à haute résistance (HSLA ou HLE). Les traitements thermiques sont de la toute première importance pour obtenir les meilleures propriétés physiques de ces aciers alliés.

4.5.1 Test à l'étincelle pour les aciers alliés

L'apparence des étincelles émises par le meulage des aciers alliés varie considérablement selon les éléments d'alliage qui ont été introduits. La base de l'essai est la même que celle pour les aciers fer-carbone simples. Le nombre d'explosions dans l'étincelle augmente avec la réduction de longueur de la trajectoire de celle-ci. La couleur devient de plus en plus claire lorsqu'on augmente la teneur en carbone. Les principales modifications apportées par les éléments d'alliage à un acier apparaissent dans la multitude d'étincelles possédant des ramifications selon différents angles. Ces embranchements sont le résultat de la présence des différents éléments dans le métal. La couleur des étincelles varie également en fonction de la composition.

Métal	Volume de la gerbe	Longueur relative de la gerbe*	Couleur près de la meuleuse	Couleur des traits en fin de trajectoire	Quantité de projections	Nature des projections
Acier rapide (18-4-1)	Petit	1,52 m (60″)	Rouge	Paille	Extrêmement peu	Ramifiées
Acier austénitique au manganèse	Modérément large	1,14 m (45″)	Blanc	Blanc	Beaucoup	Fines et répétées
Acier inoxydable (type 410)	Modéré	1,27 m (50″)	Paille	Blanc	Modérée	Ramifiées
Acier à matrices au chrome-tungstène	Petit	0,89 m (35″)	Rouge	Paille**	Beaucoup	Fines et répétées
Acier pour nitruration nitruré	Large (incurvé)	1,4 m (55″)	Blanc	Blanc	Modérée	Ramifiées
Stellite	Très petit	25 cm (10″)	Orange	Orange	Aucune	
Carbure de tungstène	Extrêmement petit	5 cm (2″)	Orange clair	Orange clair	Aucune	
Nickel	Très petit***	25 cm (10″)	Orange	Orange	Aucune	
Cuivre, laiton aluminium	Aucun					

* Les données sont uniquement relatives à un disque de meulage de 30 cm (12″). La longueur réelle variera avec le disque utilisé, la pression, etc.
** Explosions blanc bleuté
*** Certains traits d'étincelles sont créés par vagues.

Figure 4-14. Tableau des caractéristiques des étincelles produites par les aciers alliés.

Composition SAE-AISI d'aciers au carbone

SAE	AISI	EN/NF	Teneur en carbone	Teneur en manganèse	Phosphore (max.)	Soufre (max.)
1010	C1010	C10, C10E, E235	0,08-0,18	0,30-0,60	0,040	0,050
1015	C1015	C15, C15E, S235JR	0,13-0,18	0,30-0,60	0,040	0,050
1020	C1020	C22E, C22R	0,18-0,23	0,30-0,60	0,040	0,050
1025	C1025	C25E, C25R	0,22-0,28	0,30-0,60	0,040	0,050
1030	C1030	C30E, C30R	0,28-0,34	0,60-0,90	0,040	0,050
1035	C1035	C35E, C35R	0,32-0,38	0,60-0,90	0,040	0,050
1040	C1040	C40, C40E	0,37-0,44	0,60-0,90	0,040	0,050
1045	C1045	C45E, C45R	0,43-0,50	0,60-0,90	0,040	0,050
1050	C1050	C50, C50E	0,48-0,55	0,60-0,90	0,040	0,050
1055	C1055	C55E, C55R	0,50-0,60	0,60-0,90	0,040	0,050
1060	C1060	C60E, C60R	0,55-0,65	0,60-0,90	0,040	0,050
1065	C1065	41CrAlMo7, 30CD4	0,60-0,70	0,60-0,90	0,040	0,050
1070	C1070	C67S, C75S	0,65-0,75	0,60-0,90	0,040	0,050
1075	C1075	C75S	0,70-0,80	0,40-0,70	0,040	0,050
1080	C1080	40NiCrMo3, 42CD4	0,75-0,88	0,60-0,90	0,040	0,050
1085	C1085	–	0,80-0,93	0,70-1,00	0,040	0,050
1090	C1090	45Cr2, 30NC11	0,85-0,98	0,60-0,90	0,040	0,050
1095	C1095	C100S, C92D	0,90-1,03	0,30-0,50	0,040	0,050

Aciers au carbone resulfurés

SAE	AISI	EN/NF	Teneur en carbone	Teneur en manganèse	Phosphore (max.)	Soufre (max.)
1115	C1115	C80D2, S235JO	0,13-0,18	0,60-0,90	0,040 max.	0,08-0,13
1120	C1120	C88D2, S275JR	0,18-0,23	0,70-1,00	0,040	0,08-0,13
1125	C1125	–	0,22-0,28	0,60-0,90	0,040	0,08-0,13
1140	C1140	35520	0,37-0,44	0,70-1,00	0,040	0,08-0,13

Figure 4-15. Données de composition AISI-SAE d'aciers au carbone typiques.

Aciers rephosphorisés et resulfurés

SAE	AISI	EN/FR	Teneur en carbone	Teneur en manganèse	Phosphore (max.)	Soufre (max.)
1211	C1211	S235J2G3, S355K2G4	0,13 max.	0,60-0,90	0,07-0,12	0,08-0,15
1213	C1213	11SMn30	0,13 max.	0,70-1,00	0,07-0,12	0,24-0,33

Aciers au manganèse

SAE	AISI	EN/FR	Teneur en carbone	Teneur en manganèse	Phosphore (max.)	Soufre (max.)	Silicium (max.)
1330	1330	28Mn6	0,28-0,33	1,60-1,90	0,040	0,040	0,20-0,35
1335	1335	2CS85, 60CrMo4	0,33-0,38	1,60-1,90	0,040	0,040	0,20-0,35
1340	1340	C36, 35NCDi6	0,38-0,43	1,60-1,90	0,040	0,040	0,20-0,35
1345	1345	C50D, 12CD9-10	0,43-0,48	1,60-1,90	0,040	0,040	0,20-0,35

Aciers au nickel

SAE	AISI	EN/FR	Teneur en carbone	Teneur en manganèse	Phosphore (max.)	Soufre (max.)	Teneur en nickel
2315	- - - -		0,10-0,20	0,30-0,60	0,040	0,050	3,25-3,75
2330	- - - -	P295GH, P460N	0,25-0,35	0,50-0,80	0,040	0,050	3,25-3,75
2340	- - - -	P355GH, P460NH	0,35-0,45	0,60-0,90	0,040	0,050	3,25-3,75
2345	- - - -	P460NL1	0,40-0,50	0,60-0,90	0,040	0,050	3,25-3,75
- - - -	2515	P275NH	0,10-0,20	0,30-0,60	0,040	0,050	4,75-5,25

Aciers au chrome-nickel

SAE	AISI	EN/FR	Teneur en carbone	Teneur en manganèse	Phosphore (max.)	Soufre (max.)	Teneur en nickel	Teneur en chrome	Silicium
3140	3140	P460N, X8Ni9	0,38-0,43	0,70-0,90	0,040	0,040	1,10-1,40	0,55-0,75	0,20-0,35
3310	E3310	12NCIS	0,08-0,13	0,45-0,60	0,025	0,025	3,25-3,75	1,40-1,75	0,20-0,35

Aciers au molybdène

SAE	AISI	EN/FR	Teneur en carbone	Teneur en manganèse	Phosphore (max.)	Soufre (max.)	Teneur en chrome	Teneur en nickel	Teneur en molybdène	Silicium
4130	4130	25CrMo4	0,28-0,33	0,40-0,60	0,040	0,040	0,80-1,10	- - - -	0,15-0,25	0,20-0,35
4140	4140	42CrMo4, 42CrMoS4	0,38-0,43	0,75-1,00	0,040	0,040	0,80-1,10	- - - -	0,15-0,25	0,20-0,35
4150	4150	50CrMo4	0,48-0,53	0,75-1,00	0,040	0,040	0,80-1,10	- - - -	0,15-0,25	0,20-0,35
4320	4320	11MnMo45KE	0,17-0,22	0,45-0,65	0,040	0,040	0,40-0,60	1,65-2,00	0,20-0,30	0,20-0,35
4340	4340	36CrNiMo4, 38CrNiMo8	0,38-0,43	0,60-0,80	0,040	0,040	0,70-0,90	1,65-2,00	0,20-0,30	0,20-0,35
4615	4615	17Cr3	0,13-0,18	0,45-0,65	0,040	0,040	- - - -	1,65-2,00	0,20-0,30	0,20-0,35
4620	4620	CE9, 50CRV4RR	0,17-0,22	0,45-0,65	0,040	0,040	- - - -	1,65-2,00	0,20-0,30	0,20-0,35
4815	4815	37Cr4, C2SE	0,13-0,18	0,40-0,60	0,040	0,040	- - - -	3,25-3,75	0,20-0,30	0,20-0,35
4820	4820	18CrNiMo7-6, 20MnCr5	0,18-0,23	0,50-0,70	0,040	0,040	- - - -	3,25-3,75	0,20-0,30	0,20-0,35

Aciers au chrome

SAE	AISI	EN/FR	Teneur en carbone	Teneur en manganèse	Phosphore (max.)	Soufre (max.)	Teneur en chrome	Silicium
5120	5120	19MnCr5, 20Cr4, 20MnCr5	0,17-0,22	0,70-0,90	0,040	0,040	0,70-0,90	0,20-0,35
5140	5140	41Cr4, 41CrS4	0,38-0,43	0,60-0,90	0,040	0,040	0,70-0,90	0,20-0,35
5150	5150	36Cr2	0,48-0,53	0,60-0,90	0,040	0,040	0,70-0,90	0,20-0,35
52100	E52100	100Cr6	0,95-1,10	0,25-0,45	0,025	0,025	1,30-1,60	0,20-0,35

Figure 4-15 (suite)

Aciers chrome-vanadium

SAE	AISI	EN/FR	Teneur en carbone	Teneur en manganèse	Phosphore (max.)	Soufre (max.)	Teneur en chrome	Vanadium	Silicium
6118	6118	17Cr3	0,16-0,21	0,50-0,70	0,040	0,040	0,50-0,70	0,10-0,15	0,20-0,35
6120	6120	C40R, C40	0,17-0,22	0,70-0,90	0,040	0,040	0,70-0,90	0,10 min,	0,20-0,35
6150	6150	51CrV4	0,48-0,53	0,70-0,90	0,040	0,040	0,80-1,10	0,15 min,	0,20-0,35

Aciers nickel-chrome-molybdène

SAE	AISI	EN/FR	Teneur en carbone	Teneur en manganèse	Phosphore (max.)	Soufre (max.)	Teneur en chrome	Teneur en molybdène	Teneur en nickel	Silicium
8115	8115	C60R, 30MnB5	0,13-0,18	0,70-0,90	0,040	0,040	0,30-0,50	0,08-0,15	0,20-0,40	0,20-0,35
8615	8615	FeE355A, D, E, C35RR	0,13-0,18	0,70-0,90	0,040	0,040	0,40-0,60	0,15-0,25	0,40-0,70	0,20-0,35
8720	8720	C15D, C75RR	0,18-0,23	0,70-0,90	0,040	0,040	0,40-0,60	0,20-0,30	0,40-0,70	0,20-0,35
8822	8822	C180, C90RR	0,20-0,25	0,75-1,00	0,040	0,040	0,40-0,60	0,30-0,40	0,40-0,70	0,20-0,35

Aciers manganèse-silicium

SAE	AISI	EN/FR	Teneur en carbone	Teneur en manganèse	Phosphore (max.)	Soufre (max.)	Teneur en silicium	Teneur en nickel	Teneur en chrome	Teneur en molybdène
9260	9260	61SiCr7	0,55-0,65	0,70-1,00	0,040	0,040	1,80-2,20	- - - -	- - - -	- - - -
9840	9840	20NiCrMo2,2	0,38-0,43	0,70-0,90	0,040	0,040	0,20-0,35	0,85-1,15	0,70-0,90	0,20-0,30

Aciers chrome-nickel

SAE	AISI	EN/FR	Carbone	Manganèse (max.)	Silicium (max.)	Phosphore	Soufre	Teneur en chrome	Teneur en nickel	Molybdène
30304	304	X2CrNi19-11, X5CrNi18-10	0,08 max.	2,00	1,00	0,040	0,040	18,00 min.	8,00 min.	- - - -
30317	317	X2CrNiMo18-15-4	0,10 max.	2,00	1,00	0,040 max.	0,040 max.	16,00-18,00	10,00 min.	10,00 min.
51410	410	X12Cr13, X6Cr13	0,15 max.	1,00	1,00	0,040 max.	0,040 max.	11,50-13,50	0,60 max.	0,60 max.

Figure 4-15 (suite)

À titre d'exemple, un acier rapide produit des étincelles présentant des explosions à peine visibles. Le manganèse dans un acier provoque une modification de trajectoire à 45° de la direction d'origine de l'étincelle. Les étincelles ont tendance à exploser, leur apparence est celle d'un arbre sans feuilles, comme indiqué à la figure 4-13.

Les aciers chrome-tungstène utilisés pour le travail à grande vitesse présentent des étincelles typiques d'un acier rapide, à l'exception qu'en fin de trajectoire les étincelles prennent une couleur paille. Le chrome et le tungstène ont tendance à détériorer les étincelles produites par le carbone, les rendant très fines, éventuellement avec des projections répétées. La figure 4-14 liste les caractéristiques des étincelles produites par les aciers alliés. Les étincelles produites par le chrome ou le tungstène sont interrompues. Cela signifie qu'elles disparaissent sur une partie de leur trajectoire, puis réapparaissent.

4.5.2 Test à la flamme des aciers alliés

Il est difficile d'émettre des spécifications strictes pour le test à la flamme des aciers alliés. Cependant, il est connu que plus la teneur en éléments d'alliage est élevée, plus il est difficile de souder le métal. Soumis à l'action de la flamme, ces métaux ont tendance à atteindre leur point d'ébullition à cause de l'influence des éléments d'alliage qu'ils contiennent. Des flux spéciaux sont souvent utilisés pour souder les aciers alliés.

Les aciers inoxydables sont difficiles à souder à la flamme oxyacétylénique ; un flux est nécessaire pour réaliser de bonnes soudures. Sans ce flux, le métal fond jusqu'à l'ébullition et produit une soudure poreuse.

On utilise de l'acier au manganèse pour des pièces dont la surface est soumise à l'usure par abrasion, comme des godets de pelleteuse. Le soudage est donc utilisé dans ce cas pour créer par dépôt la surface soumise à l'usure. Le métal fond facilement sous l'action de la flamme et ne présente pas de difficulté au soudage.

Les aciers au nickel peuvent être identifiés car ils « bouillent » sous l'action de la flamme. Les aciers chrome-nickel se comportent de manière à peu près similaire.

4.5.3 Essais divers pour les aciers alliés

Les tests de couleur, de résonance, de magnétisme, de rupture et le test du copeau sont tous applicables aux aciers alliés, mais le plus simple est peut-être le test de couleur. Les différents constituants d'un alliage ont tendance à modifier la couleur du métal, qui est pour certaines compositions très remarquable et caractéristique.

Les aciers inoxydables, par exemple, ont une couleur argentée marquée, ce qui les caractérise parmi les autres aciers alliés. Certains d'entre eux sont magnétiques, d'autres non. L'identification peut être effectuée dans une certaine mesure par l'utilisation du test de magnétisme. Le test du copeau n'est pas répandu à cause de la similarité d'apparence de pratiquement tous les copeaux d'aciers inoxydables. Cependant, certains de ces alliages sont considérablement plus durs que les autres, ce que l'essai de copeau mettra en évidence de façon très claire.

Le test de résonance peut être appliqué aux aciers alliés avec une certaine précision. Néanmoins, il est recommandé de l'utiliser conjointement à d'autres essais.

4.6 Systèmes de désignation des aciers

La SAE (Society of Automotive Engineers) est depuis longtemps un leader en normalisation pour l'industrie. Elle a développé un système de désignation permettant d'identifier pratiquement tous les aciers. La codification est basée sur un nombre à quatre chiffres, par exemple 2315.

Le premier caractère situe l'acier, le chiffre **2** désignant les aciers au nickel. Le second caractère représente la teneur en élément d'alliage dans l'acier, soit **3** pour désigner un acier contenant entre 3,25 et 3,75 % de nickel.

Les deux derniers chiffres représentent la teneur en carbone du métal en centièmes de pourcent ; dans ce cas **15** signifie 0,15 % C. La figure 4-15 présente un tableau d'exemples d'aciers selon la désignation SAE. La codification du premier caractère pour les aciers et les aciers alliés dans le système SAE est la suivante :

1XXX	Aciers au carbone
11XX	Aciers spéciaux au soufre pour décolletage
12XX	Aciers au phosphore
13XX	Aciers au manganèse
2XXX	Aciers au nickel
3XXX	Aciers chrome-nickel
4XXX	Aciers au molybdène
5XXX	Aciers au chrome
6XXX	Aciers chrome-vanadium
7XXX	Aciers au tungstène
9XXX	Aciers manganèse-silicium

Note : La lettre X est utilisée à la place des deuxième, troisième et quatrième caractères de la désignation SAE.

Il existe des divisions spéciales pour les aciers résistants à la corrosion et les aciers réfractaires :

30XX	Aciers chrome-nickel
51XX	Aciers au chrome

4.7 Métaux non ferreux

Les métaux non ferreux et leurs alliages sont les matériaux dont le fer n'est pas l'élément principal. Ils peuvent contenir de petites quantités de fer en tant qu'élément d'alliage, mais ne sont pas considérés comme des métaux ferreux. Ce groupe comprend le cuivre, le laiton, le bronze, l'aluminium, l'étain, la stellite, le plomb, le zinc, le nickel, etc. Ces métaux peuvent être identifiés par différents moyens. Ils ont des couleurs distinctes. Ils ne sont pas magnétiques et généralement sont des matières relativement tendres. Les métaux non ferreux ne produisent pas d'étincelles sous l'action d'une meuleuse. En général, ces métaux vont se coller au disque et empêcher de meuler correctement.

Attention : Il n'est pas recommandé de meuler les métaux non ferreux, excepté pour de courtes durées comme lorsqu'on effectue un essai à l'étincelle. Les oxydes de certains métaux non ferreux sont toxiques ; c'est pourquoi l'opérateur doit porter un équipement de protection respiratoire à air filtré ainsi que des vêtements de protection. La meuleuse doit être équipée d'un dispositif d'aspiration adapté.

4.7.1 Cuivre

Le cuivre est un élément métallique grandement utilisé pour ses propriétés de conductivité électrique et thermique et sa résistance à la corrosion. La plupart des cuivres ont une couleur rouge-brun. Ce métal fond à une température de 1083 °C (1981 °F), supérieure à celle de l'argent et largement inférieure à celle du fer, comme illustré à la figure 4-16.

Métal	Températures de fusion	
	°C	°F
Aluminum	659	1217
Bronze 90 Cu 10 Sn	850-1000	1562-1832
Laiton 90 Cu 10 Zn	1020-1030	1868-1886
Laiton 70 Cu 30 Zn	900-940	1652-1724
Cuivre	1083	1981
Fer	1530	2786
Plomb	327	621
Acier doux	1350-1530	2462-2786
Nickel	1452	2646
Argent	960	1761
Étain	232	450
Zinc	419	786

Figure 4-16. *Températures de fusion de quelques métaux communs.*

Les processus d'élaboration sont tels que le cuivre disponible sur le marché contient des impuretés de soufre, phosphore et silicium. Chacune de ces impuretés a tendance à fragiliser le cuivre et à réduire sa soudabilité. Cependant, une très petite quantité de phosphore dans le cuivre constitue une aide au soudage, car le phosphore dissout les oxydes de cuivre et se comporte comme un flux de soudage.

La seule nuance de cuivre recommandée pour le soudage par fusion est le *cuivre désoxydé*. Il contient une très petite quantité de silicium, qui a la propriété de dissoudre tous les oxydes de cuivre présents dans le métal. On ajoute assez de silicium dans le cuivre lors de sa fabrication pour qu'un excès soit encore inclus dans le métal après l'opération de désoxydation. Si la quantité existante est excessive, le cuivre aura tendance à devenir fragile, comme mentionné précédemment.

La *fragilité à chaud* est une autre caractéristique du cuivre, ce qui est typique de pratiquement tous les métaux non ferreux. Lorsque le cuivre est chauffé à sa température de fusion, il existe une température où le métal a très peu de tenue, même s'il est encore à l'état solide. Le moindre choc ou charge aura tendance à le déformer sauf s'il est tenu ou bridé fermement. Un dispositif de bridage adéquat prévient les déformations lorsque le métal passe par la température de fragilité à chaud.

4.7.2 Laiton

Le laiton est un alliage de cuivre et de zinc. De petites quantités d'autres métaux lui sont fréquemment additionnées. La quantité de zinc dans l'alliage varie entre 10 et 40 %. Un alliage des plus communs comporte 70 % de cuivre et 30 % de zinc. Ce métal est utilisé principalement à cause de ses qualités de résistance aux acides, son apparence et sa bonne brasabilité. Deux types de laitons sont répandus : l'un est appelé laiton pour usinage et contient 32 à 40 % de zinc ; l'autre est le laiton rouge avec 15 à 20 % de zinc. D'autres métaux comme l'étain, le manganèse, le fer ou le plomb peuvent être additionnés pour améliorer les propriétés physiques du laiton. Cela fait du laiton un alliage ternaire. Le laiton peut être identifié par sa couleur jaune opaque.

4.7.3 Bronze

Le bronze est un alliage de cuivre et d'étain. Un alliage très commun comporte 90 % de cuivre et 10 % d'étain. La couleur du bronze est plus cuivrée que celle du laiton. Il a tendance à se comporter comme le laiton au soudage. En général, le soudeur peut utiliser le même fil et le même flux pour le bronze et le laiton. De même que le laiton, le bronze est très résistant à la corrosion. Grâce à son aspect attractif, il est souvent utilisé pour des éléments de décoration et des objets usuels.

4.7.4 Aluminium

L'aluminium est un élément de la famille des métaux connu pour sa conductivité électrique et thermique, sa résistance à la corrosion et sa légèreté. Il est disponible

Désignation AA (Aluminium Association)	Élément d'alliage principal	Exemples
1XXX	99% aluminum	1100
2XXX	Cuivre	2014, 2017, 2024
3XXX	Manganèse	3003
4XXX	Silicium	4043
5XXX	Magnésium	5052, 5056
6XXX	Magnésium et silicium	6061
7XXX	Zinc	7075
8XXX	Autres éléments	

Figure 4-17. *Éléments d'alliage ajoutés à l'aluminium et désignations. La série 1XXX a une teneur d'au moins 99 % d'aluminium pur.*

sous forme corroyée ou de produit de fonderie. On peut le combiner à un grand nombre d'autres métaux pour former des alliages. Les différents éléments pouvant être ajoutés à l'aluminium sont listés à la figure 4-17, accompagnés par les désignations de ces alliages selon l'AA (Aluminium Association).

L'aluminium pur est un métal blanc. Sous la forme de tôles laminées il est très ductile. L'aluminium de fonderie est très fragile. La résistance mécanique du métal pur est très inférieure à celle de l'acier. Sa température de fusion est approximativement de 660 °C (1220 °F), comme on le voit à la figure 4-16. Ce métal a également un point de fragilité à chaud. Pour cette raison il doit être maintenu avec soin lorsqu'il est soudé. Pour diminuer sa fragilité à haute température on peut lui ajouter du silicium.

Les tôles d'aluminium sont disponibles dans un certain nombre de qualités et de nuances. L'aluminium commercial le plus pur contient 99,5 % d'aluminium, tandis que les nuances plus communes en contiennent 99 %. Afin d'améliorer les qualités physiques de l'aluminium on ajoute du manganèse et du magnésium, dans des proportions assez faibles de 1 à 5 %.

À cause de la réactivité du métal, l'aluminium s'oxyde très rapidement lorsqu'il est chauffé. L'alumine fond à environ 2750 °C (5000 °F). C'est pourquoi il faut brosser ou décaper chimiquement afin d'enlever la couche d'oxyde. L'alumine est plus dense que l'aluminium et reste au cœur du métal fondu, générant une soudure poreuse. À cet effet, il faut toujours utiliser des flux spéciaux lors du soudage si une couverture gazeuse inerte (TIG ou MIG) n'est pas assurée.

L'aluminium possède également la caractéristique de ne pas changer de couleur lorsqu'il approche de son point de fusion, ce qui s'ajoute à la difficulté du soudage. En d'autres termes le métal, lorsqu'il est chauffé, garde la même couleur, mais lorsqu'il atteint son point de fusion, il devient subitement liquide. Lors du soudage de l'aluminium, le soudeur peut déterminer s'il y a fusion en surface en grattant avec un fil métallique qui marquera si un adoucissement a eu lieu.

L'aluminium peut être identifié par sa couleur blanc argenté lorsqu'il est rompu, ainsi que par comparaison de poids avec d'autres métaux. Pour un volume donné, l'aluminium pèse environ trois fois moins que l'acier.

Un autre test consiste à brûler des copeaux de métal. L'aluminium se transformera en cendre noire. On peut confondre le magnésium et l'aluminium. Cependant, des copeaux de magnésium chauffés prendront feu et laisseront des suies blanches. **Attention : Les copeaux et la poudre de magnésium s'enflamment violemment. Lorsque vous brûlez du magnésium, utilisez une très petite quantité de copeaux.**

4.8 Métaux durs pour traitement de surface

Certains métaux ont une dureté extrême. Il en existe plusieurs types :
- Métaux ferreux comportant jusqu'à 20 % d'éléments d'alliage, comme le chrome, le tungstène ou le manganèse.
- Métaux ferreux avec plus de 20 % d'éléments d'alliage, comme le chrome, le tungstène, le manganèse. (Cobalt et nickel peuvent également être ajoutés.)
- Métaux non ferreux avec des éléments d'alliage tels le cobalt, le chrome, le tungstène.
- Le carbure de tungstène fusionné avec d'autres éléments d'alliage.
- Granulés de carbure de tungstène.

Ces métaux sont difficiles à identifier. Le mieux est de les laisser dans leurs emballages étiquetés. La figure 4-13 montre les caractéristiques des étincelles de stellite et de carbure de tungstène cémenté, deux matériaux durs.

Ces métaux couvrent un domaine de matériaux extrêmement durs à très tenaces. La meilleure façon de les utiliser est donc en tant que revêtement fin à la surface d'un métal de nature plus ductile. Cette combinaison produit une surface résistante à l'usure tout en étant d'une grande résistance.

4.9 Métaux tendres pour traitement de surface

Les métaux à surface tendre sont souvent des métaux non ferreux. Ils peuvent être identifiés par les méthodes décrites précédemment dans ce chapitre.

Les propriétés de la surface revêtue dépendent du métal utilisé pour le revêtement et de la technique d'application de ce revêtement sur le substrat. Les méthodes utilisées sont :
- L'immersion (au trempé)
- La métallisation par galvanisation
- La projection thermique
- Le brasage tendre ou fort

4.10 Métaux de nouvelle génération

Beaucoup de métaux considérés auparavant comme exotiques sont utilisés comme éléments d'alliage pour améliorer les propriétés des métaux communs. On peut citer parmi ces métaux nouveaux : colombium, titane, lithium, baryum, zirconium, tantale, béryllium, nobelium et plutonium.

La production et l'utilisation de ces métaux sont en progression. Le titane, le zirconium et le colombium sont largement utilisés dans les aciers, comme éléments d'alliage. Les ingénieurs soudeurs sont constamment en train de développer et d'améliorer les techniques de soudage et de brasage de ces métaux. Voir le chapitre 2 pour des informations sur le soudage de certains d'entre eux.

4.10.1 Titane

Le titane est un métal de construction important. C'est le quatrième en termes d'abondance après l'aluminium, le fer et le magnésium. Le titane commercial pur fond à environ 1665 °C (3035 °F). Beaucoup de ses alliages sont soudables sous certaines conditions. Ce métal possède un bon rapport poids/résistance mécanique, des propriétés à hautes températures, et est très résistant à la corrosion. Les industries aéronautique, chimique et du transport utilisent le titane pour des applications diverses. Il est environ 67 % plus lourd que l'aluminium et 40 % plus léger que l'acier. Il conserve sa tenue mécanique jusqu'à 540 °C (1000 °F).

Les alliages titane-carbone sont largement employés. Leur teneur en carbone se situe entre 0,015 et 1,1 %. Ces alliages deviennent plus fragiles à mesure que la concentration en carbone augmente, mais en même temps ils résistent mieux à la corrosion. La résistance mécanique maximale est atteinte à environ 0,4 % de carbone et est de 772 MPa (112 000 psi). Cependant, un alliage à 0,04 % de carbone a une résistance de 634 MPa (92 000 psi).

Les alliages de titane comprenant du tungstène et du carbone ont une résistance en traction d'environ 896 MPa (130 000 psi). Lorsqu'on combine de l'aluminium, la résistance en traction atteint 786 MPa (114 000 psi). D'autres éléments peuvent être incorporés au titane. Les résultats en termes de résistance en traction sont fournis ci-dessous :
- Chrome-nickel – 1345 MPa (195 000 psi)
- Chrome-molybdène – 1207 MPa (175 000 psi)
- Chrome-tungstène – 1034 MPa (150 000 psi)
- Manganèse-aluminium – 1103 MPa (160 000 psi)

Les alliages de titane à 8 % de manganèse sont répandus en construction aéronautique. D'autres types d'alliages consistent en l'association de 3 % d'aluminium et 0,5 % de manganèse, 6 % d'aluminium et 4 % de vanadium, 5 % d'aluminium et 2,5 % d'étain.

4.10.2 Lithium

L'industrie du soudage s'intéresse au lithium. Lorsque ce métal est ajouté à un matériau d'apport de brasage fort, on peut généralement braser sans flux. Par exemple, le titane peut être brasé avec succès sous atmosphère inerte en utilisant un alliage à 98 % d'argent et 2 % de lithium. Le lithium fond à 186 °C (367 °F).

4.10.3 Zirconium

Le zirconium est un métal rare, naturellement combiné au silicium sous la forme de silicate de zirconium $ZrSiO_4$, communément désigné par *zircon*, pierre semi-précieuse. L'oxyde de zirconium fond à 2700 °C (4892 °F) et est utilisé comme garnissage de fours à haute température. Ce métal s'oxyde facilement. Sa tenue mécanique est affectée par l'oxygène, l'azote et l'hydrogène avec lesquels il peut se combiner. Le zirconium est utilisé comme élément d'alliage dans les aciers.

Les *zircalloy* sont une famille d'alliages de zirconium contenant environ 1,5 % d'étain, de nickel ou de chrome et jusqu'à 0,5 % de fer. Ces alliages ont une résistance à la corrosion améliorée et une meilleure résistance mécanique que le zirconium non allié.

Parce que le zirconium capte facilement l'oxygène ou l'azote lorsqu'il est chauffé, il est de préférence soudé dans une enceinte confinée sous atmosphère inerte d'argon ou d'hélium.

4.10.4 Béryllium

Le béryllium est un métal léger dont la densité (1,845 g/cm^3) est légèrement supérieure à celle du magnésium. Il est souvent utilisé comme élément d'alliage avec d'autres métaux. Il a été ajouté au cuivre ou au nickel pour augmenter leur élasticité et leurs caractéristiques mécaniques.

Le béryllium a de bonnes conductivités électrique et thermique et une capacité élevée à absorber la chaleur. Pour ces raisons, il est difficile à souder. On a soudé du béryllium sous gaz inerte par résistance, ultrasons, faisceau d'électrons et diffusion. Le brasage fort et le brasage tendre ont également été utilisés.

Certains alliages de béryllium au cuivre sont très résistants et sont utilisés pour remplacer des outils en acier forgé là où le risque d'atmosphère explosive existe, car ce sont des alliages ne produisant pas d'étincelles.

Le béryllium est utilisé avec le magnésium pour limiter la tendance du magnésium à brûler lors de la fusion ou des opérations de fonderie. **Ce métal et ses dérivés ont des propriétés toxiques dangereuses ; des mesures spécifiques doivent être prises lorsqu'on travaille avec du béryllium ou avec des alliages qui en contiennent.**

4.11 Règles de sécurité

Le test à l'étincelle des métaux en vue de les identifier nécessite le port de lunettes et/ou d'un masque de protection. La meuleuse doit être en bon état, également en ce qui concerne l'équilibrage du disque abrasif ; la zone de tolérance du disque ne doit pas dépasser 1,6 mm (1/16").

Lorsqu'une flamme ou un arc est utilisé pour identifier un métal par son comportement à la fusion et par l'émission d'étincelles, toutes les précautions de sécurité pour le soudage aux gaz et/ou à l'arc doivent être respectées.

Testez vos connaissances

1. Que signifie *acier allié* ?

2. Combien de carbone contient un acier à taux de carbone moyen ?

3. Le carbone se combine usuellement au fer pour former _____, qui est également appelé _____.

4. Qu'est-ce que l'allongement ?

5. Quelles sont les caractéristiques conférées à un acier par le nickel ?

6. Un acier non eutectique se solidifie-t-il à une température ou dans un intervalle de températures ?

7. Que désigne-t-on par température critique d'un métal ?

8. De quelle façon les propriétés d'un métal changent-elles lorsque la teneur en carbone augmente ?

9. La perlite est une combinaison de _____ et de _____.

10. La teneur en carbone de la ferrite est de _____ ; la teneur de la cémentite est de _____ ; celle de la perlite est de _____.

11. En utilisant le diagramme fer-carbone, décrivez les différentes régions à travers lesquelles un acier 1050 passe lorsqu'il est refroidi de l'état liquide à la température ambiante.

12. Quelles sont les phases en présence dans la microstructure d'un acier 1050 à température ambiante ?

13. Nommez cinq méthodes d'identification des métaux.

14. Que nous apprend l'essai à l'étincelle ?

15. Qu'apprenons-nous de l'essai à la flamme oxyacétylénique ?

16. Quelle teneur en pourcents de carbone y a-t-il dans un acier SAE 1045 ?

17. Que signifient les initiales SAE, ASTM et AISI ?

18. Décrivez ce que signifie « fragilité à chaud ».

19. Quel élément peut être ajouté à l'aluminium afin de réduire la fragilité à chaud ?

20. Quel élément d'alliage est ajouté à l'aluminium dans les séries 2XXX ? 5XXX ?

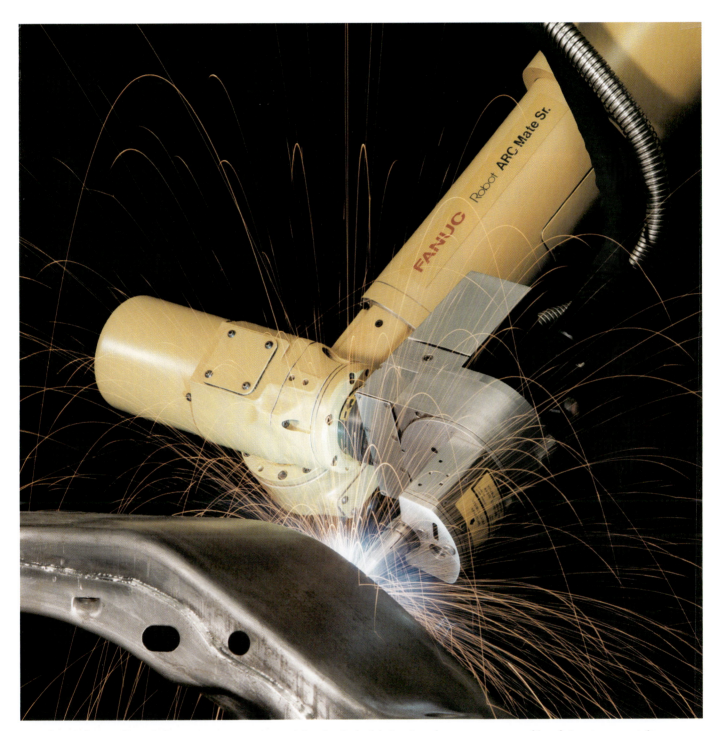

Soudage à l'arc robotisé d'un composant automobile. Après la fabrication, les structures soudées doivent souvent être détensionnées ou subir un traitement thermique.

Chapitre 5
Traitement thermique des métaux

Objectifs pédagogiques

Après l'étude de ce chapitre, vous pourrez :
* Énumérer au moins sept raisons d'appliquer un traitement thermique.
* Nommer les méthodes de chauffage des métaux pour effectuer un traitement thermique.
* Décrire la structure cristalline d'un acier lorsqu'il est refroidi rapidement, lentement, ou à différentes étapes du refroidissement.
* Décrire la zone affectée thermiquement (ZAT) et ce qui peut arriver dans cette zone lorsque la vitesse de refroidissement de la soudure varie.
* Définir les termes suivants : recuit, normalisation, revenu, recuit de globulisation ou sphéroïdisation, durcissement et cémentation.
* Énumérer différentes méthodes utilisées pour mesurer les hautes températures.

Le soudeur doit être particulièrement au fait des traitements thermiques des métaux. Il est important de savoir quel effet le soudage produira sur un matériau traité thermiquement. Une bonne compréhension des effets du soudage sur les propriétés physiques du métal est utile. Il est nécessaire de savoir si un métal doit être préchauffé avant soudage, et chauffé lors de l'opération de soudage. Finalement, le soudeur doit apprendre quelle procédure de traitement après soudage (TTAS) doit être appliquée afin de restaurer les propriétés du métal au plus près de celles d'origine.

Un grand nombre de métaux communs sont soudés sans aucun traitement thermique. D'autres requièrent d'être traités thermiquement. On peut appliquer la chaleur à trois moments différents. Lorsqu'on le fait avant le soudage, il s'agit de *préchauffage*. L'apport de chaleur pendant le soudage s'appelle le *réchauffement entre passes*. Quand on chauffe après soudage, on effectue un traitement *thermique post soudage* du métal. Dans les ateliers de grandes dimensions et les usines, ces traitements thermiques font partie de la procédure déterminée par l'ingénierie.

En atelier, l'application la plus commune du traitement thermique post soudage est la relaxation de contraintes. Ce processus libère le métal des contraintes internes et des déformations causées par la dilatation et la contraction lors du soudage. Il améliore aussi les propriétés du métal dans la soudure et la zone affectée thermiquement. La plupart des constructions soudées demandent uniquement une connaissance de la façon dont un métal doit être recuit ou détensionné. En réparation de soudage, le soudeur doit connaître complètement et précisément toutes les phases du traitement thermique.

5.1 Objectifs du traitement thermique

Tous les métaux peuvent être traités thermiquement. Certains sont très peu affectés par un traitement thermique, d'autre le sont beaucoup plus, comme les aciers. Le traitement thermique peut viser différents objectifs :
* Rendre ductile.
* Améliorer les performances à l'usinage.
* Relaxer les contraintes.
* Modifier la taille de grains.
* Augmenter la dureté ou la résistance mécanique.
* Changer la composition chimique de la surface d'un métal, comme lors de la cémentation.
* Altérer les propriétés magnétiques.
* Modifier les propriétés de conduction électrique.
* Apporter un gain de ténacité.
* Recristalliser le métal ayant été écroui.

Il existe quatre facteurs principaux en traitement thermique :
* La *température* à laquelle le métal est chauffé.
* La *durée* pendant laquelle ce métal est maintenu à cette température.
* La *vitesse* à laquelle le métal est refroidi.
* Le *matériau environnant* le métal lorsqu'il est chauffé (comme dans le cas d'un traitement de cémentation).

Lors du soudage, le métal dans le joint soudé et dans la zone environnante est porté à différentes températures, l'échauffement étant fonction de la distance au plan de joint. Cette différence de température du métal entre la zone soudée et le métal adjacent est appelée *gradient de température*. Dans les aciers, il arrive que le métal dans la zone de soudage dépasse la température d'un seul point critique, voire de deux points critiques. Certains endroits n'atteignent que 260 °C (500 °F), comme l'illustre la figure 5-1.

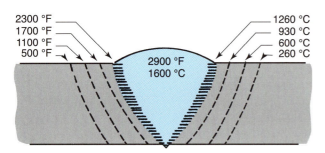

Figure 5-1. Isothermes de température dans la zone de la soudure.

À cause de cette répartition inégale de l'échauffement, la résistance mécanique, la ductilité, la taille de grains et d'autres propriétés du métal peuvent varier fortement entre la soudure et *la zone affectée thermiquement (ZAT)*.

L'opérateur est susceptible d'utiliser un préchauffage et/ou un apport de chaleur lors du soudage, pour réduire les gradients de température dans la zone de soudage. Le chauffage du métal avant soudage contribuera à éviter l'apparition de contraintes et déformations internes qui peuvent mener à la rupture de la soudure. Un chauffage continu peut être appliqué dans le même but. Un traitement thermique après soudage est utilisé pour relaxer les contraintes et amener l'ensemble du métal de la zone de soudage au même état de traitement thermique.

5.1.1 Méthodes de chauffage

Le chauffage d'un métal est une opération complexe. Tous les métaux se dilatent lorsqu'ils sont chauffés et se rétractent au refroidissement. Une modification importante de volume se produit lorsque le métal est chauffé au-delà de ses températures critiques, ou s'il est refroidi en-deçà de celles-ci. Rappelez-vous qu'une *température critique* est un point où un changement de phase a lieu ou lorsque la structure cristalline se modifie.

Un échauffement ou un refroidissement non homogène résultent en une dilatation ou un retrait inégaux. De telles déformations par expansion ou contraction résultent souvent en un gauchissement de la structure. Cette possibilité de gauchissement du métal lors de l'échauffement n'est pas toujours un inconvénient. Des pièces de formes gauches peuvent être consolidées par un chauffage local approprié du métal.

Installations et fonctionnement des composants unitaires tubulaires de préchauffage Chromalox

Des vis sans tête sont d'abord soudées par points le long du cordon.

Puis les éléments de préchauffage sont enfilés et plaqués sur le métal par des boulons.

connecteur à verrouillage tournant

Les éléments de préchauffage sont laissés en position lors de l'exécution de la soudure et pendant un certain temps après son achèvement.

cordon de soudure

Des éléments de préchauffage incurvés sont aussi disponibles pour utilisation autour des soudures circulaires (soudage de semelles, de bouchons, etc.).

Figure 5-2. Éléments de résistances électriques pour le préchauffage.

La surface d'un métal peut être chauffée en apportant la chaleur à l'aide :
- D'une torche aérogaz
- D'un chalumeau oxygaz

Le métal lui-même peut être chauffé par :
- Une résistance électrique
- Un dispositif à induction
- Un four

Le *chauffage par résistance électrique* peut être utilisé pour chauffer une pièce en plaçant des éléments de résistance électrique sur le matériau destiné à être chauffé (figure 5-2).

Le *chauffage par induction* est un moyen de chauffage qui utilise un courant alternatif à haute fréquence afin de créer un courant induit dans le métal. Cette méthode permet de chauffer une pièce dans la masse (figure 5-3).

Le chauffage d'une pièce massive ou d'un ensemble soudé est généralement réalisé dans un *four*. Une température uniforme peut alors être obtenue dans l'ensemble du volume. Un four peut être chauffé par combustion de gaz, par induction électrique ou par des éléments résistifs.

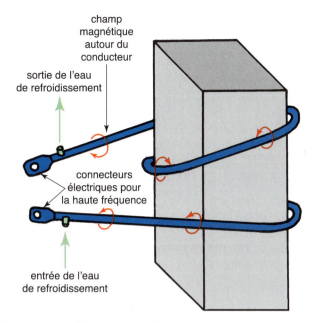

Figure 5-3. Bobine de chauffage par induction.

5.1.2 Méthodes de refroidissement

La vitesse et l'homogénéité du refroidissement d'un objet métallique déterminent dans une large proportion les propriétés du métal. Le refroidissement peut être effectué de différentes manières. La perte de chaleur au refroidissement est généralement une combinaison de :
- La convection
- La conduction
- Le rayonnement

Le refroidissement dans un gaz a principalement lieu par convection et rayonnement. Rappelez-vous que l'air est un gaz. Le refroidissement dans un liquide se produit principalement par convection et conduction. Le refroidissement peut uniquement s'effectuer jusqu'aux environs de la température ambiante du milieu. Plus le milieu environnant est froid, plus le refroidissement sera rapide. Le refroidissement dans un gaz (par convection) est le plus lent. Le refroidissement dans un liquide froid est le plus rapide. Le liquide peut être à toute température préalablement définie. Par exemple, de l'eau à température ambiante (21 °C, 70 °F), de l'eau glacée (0° C, 32 °F), ou de l'azote liquide (−146 °C, −230 °F).

L'air est communément utilisé comme milieu de refroidissement gazeux. Les deux méthodes de refroidissement à l'air sont :
- La convection thermique (refroidissement à l'air libre).
- La convection forcée (refroidissement sous air pulsé par un ventilateur).

La figure 5-4 montre des pièces subissant un refroidissement à l'air.

L'eau est communément utilisée comme milieu de refroidissement liquide. Les deux méthodes de refroidissement dans l'eau sont :

Figure 5-4. Barres filetées en cours de retrait d'un four de traitement thermique vertical. Elles seront refroidies à l'air.

- L'immersion du métal dans un récipient rempli d'eau.
- L'aspersion par jet d'eau du métal pour le refroidir. On peut utiliser comme autres moyens de refroidissement liquides, l'huile, les métaux à bas point de fusion, l'air ou l'azote liquide.

Un autre moyen de refroidir tout en contrôlant le refroidissement du métal consiste à fixer la pièce dans un dispositif refroidi par eau ou par un réfrigérant. L'un des problèmes du refroidissement est que la surface de la pièce métallique se refroidit plus rapidement que le cœur de la pièce.

5.2 Teneur en carbone de l'acier

Les aciers présentent différentes teneurs en carbone et en éléments d'alliage. La figure 5-5 fournit la teneur en carbone de pièces usuelles réalisées en acier. La famille des aciers débute par des nuances faibles en carbone (presque du fer). Lorsque la teneur en carbone augmente, l'acier devient plus dur, plus résistant mécaniquement et plus fragile jusqu'à ce qu'une teneur d'environ 1,86 % de carbone soit atteinte. C'est le pourcentage maximum de carbone qui peut se combiner au fer pour former de l'acier. Les alliages avec une teneur en carbone supérieure à 1,86 % constituent les fontes.

Pièces	Teneur en carbone
Axes	0,40
Tôles pour chaudière	0,12
Tubes chaudière	0,10
Produits moulés en acier faiblement allié	Moins de 0,2
Aciers à cémentation	0,12
Burins	0,75
Limes	1,25
Pièces forgées	0,30
Engrenages	0,35
Marteaux	0,65
Outil pour tours	1,10
Acier pour construction métallique	0,35
Acier à outils	0,95
Clou	0,10
Tube en acier	0,10
Corde de piano	0,90
Rails	0,60
Rivets	0,05
Vis de serrage	0,65
Scies à bois	0,80
Scies à métaux	1,55
Arbre	0,50
Ressort	1,00
Acier pour emboutissage	0,90
Tuyauterie	0,08
Fil souple	0,10
Outils à couper le bois	1,10
Vis à bois	0,10

Figure 5-5. Aciers et variation de la teneur en carbone selon l'usage.

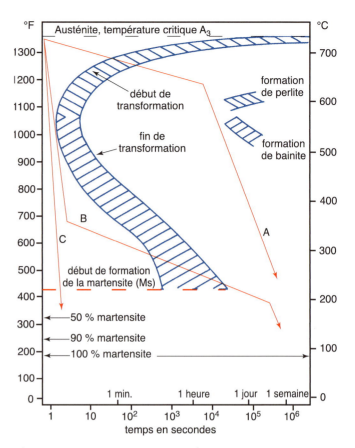

Figure 5-6. Diagramme TTT (transformation temps-température) pour un acier eutectoïde. Si l'acier est refroidi lentement (ligne A), de la perlite se forme. Si l'acier est tout d'abord trempé puis lentement refroidi, on obtient de la bainite (ligne B). Si la trempe est complète (ligne C), il se forme de la martensite. Veuillez noter que l'échelle de temps est en puissance de 10 ($10^4 = 10 \times 10 \times 10 \times 10 = 10\,000$).

5.3 Structure cristalline de l'acier

Pratiquement tous les types de traitements thermiques interagissent avec la structure cristalline de l'acier ou la taille de grain. Ils affectent également la distribution de la cémentite et de la ferrite dans le métal. On désigne communément la cémentite par le terme *carbure de fer*. Dans un acier à 0,1 % de carbone, celui-ci est majoritairement combiné au fer pour former de la *cémentite* Fe_3C. Comme il y a peu de carbone dans un acier à 0,1 %, il y a très peu de cémentite. Par contre, une grande quantité de fer se trouve sous la forme libre d'une phase appelée *ferrite*. La ferrite est très ductile. Un acier contenant une très forte teneur en ferrite ne peut pas être durci. Le seul effet d'un traitement thermique est de modifier la structure du grain et sa taille. Lorsqu'on chauffe cet acier à la **température supérieure de transformation** (température critique A_3), on n'affecte que très peu sa dureté, car la quantité de cémentite détermine la dureté. On peut repérer la température critique A_3 sur le diagramme fer-carbone, figure 4-5.

Les aciers ayant une teneur en carbone supérieure à 0,35 % peuvent subir un durcissement. La microstructure et la microdureté finales dépendent de la vitesse de refroidissement à partir de la région austénitique. Différentes microstructures d'un acier, résultant de différentes vitesses de refroidissement, sont illustrées sur un *diagramme TTT (courbe de transformation temps-température)* (figure 5-6).

Afin de vous aider à comprendre le diagramme TTT, nous allons étudier trois vitesses de refroidissement différentes. À la figure 5-6, on refroidit un acier à partir de la région austénitique. On obtiendra différentes microstructures selon la façon dont le refroidissement est conduit. Lorsque la ligne entre dans la zone hachurée, l'austénite commence à se transformer. La sortie de cette zone indique le point où la transformation est achevée.

Lorsqu'un acier est refroidi lentement (ligne A sur la figure 5-6) à partir de la région austénitique, il se forme de la *perlite*. La microstructure correspondante est illustrée à la figure 5-7. Si l'acier est trempé dans de l'eau glacée (ligne C), de la *martensite* se forme (figure 5-8). Si l'acier est tout d'abord trempé à une température modérée de 350 °C (675 °F), puis refroidi lentement, on obtient de la *bainite*. Chacune de ces microstructures possède des caractéristiques différentes. Ces microstructures sont énumérées à la figure 5-9. La martensite obtenue par le refroidissement le plus rapide est la microstructure la plus dure. La perlite résultant d'un refroidissement lent possède la meilleure ductilité.

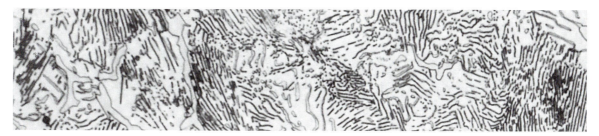

Figure 5-7. *Microstructure d'un acier à forte teneur en carbone avec une structure de grains perlitique. Le facteur de grossissement est de 1000.*

Les aciers avec les plus fortes teneurs en carbone et éléments d'alliage ont tendance à former plus facilement de la martensite que les aciers faibles en carbone ou faiblement alliés. Ceci reste valable pour les soudures lorsque le métal fondu se refroidit.

La zone soudée peut contenir de la perlite ou de la martensite, ou encore les deux. Les grains peuvent être fins ou gros. Les carbures peuvent avoir une certaine taille ou être finement dispersés. La teneur en carbone et en éléments d'alliage ainsi que la vitesse de refroidissement de la zone soudée et de la zone affectée thermiquement déterminent la microstructure.

La zone affectée thermiquement possède à la fois des grains fins et gros. La zone à grains fins se situe du côté du métal de base non affecté. Cette zone est chauffée juste au-dessus de la température critique A_3. Il se forme de nouveaux grains par affinement. Après refroidissement, cette région est désignée par le terme *zone à grains fins*. La région avoisinante, attenante à la zone fondue, est appelée *zone de grossissement des grains* (figure 5-10).

La température dans la région à gros grains a largement dépassé la température critique A_3. Les grains ont eu le temps de se développer jusqu'à atteindre une taille importante. La croissance des grains est fonction de la durée et de la température. Plus on maintient longtemps une température élevée, plus les grains seront gros. Les grains les plus fins sont ceux portés à une température juste supérieure à A_3 (figure 5-11). Les exemples 2 et 3 montrent un acier chauffé à une température largement supérieure à la température critique A_3. La taille de grain est importante. Dans l'exemple 4, l'acier est porté à une température juste au-dessus de la température critique A_3. Les grains produits sont très petits. Un acier refroidi sous la température critique A_3 gardera la plus grande taille de grain acquise au cours de l'échauffement.

Les différentes régions de la zone affectée thermiquement et de la zone fondue ont des propriétés différentes. Un traitement thermique après soudage est mis en œuvre afin d'uniformiser ces zones. Il existe un grand nombre de traitements thermiques différents utilisés dans l'industrie actuelle. On peut effectuer un recuit, une normalisation, un trempé-revenu, une relaxation thermique ou une globulisation.

Microstructure	Caractéristiques
martensite	extrêmement dure, résistante et fragile
bainite	bonne tenue mécanique, moins dure que la martensite, ductile et tenace
perlite	bonne ductilité, moins dure que la bainite, plutôt résistante et tenace

Figure 5-9. *Caractéristiques de différents types de microstructures de l'acier.*

Figure 5-8. *Microstructure martensitique grossie 500 fois.*

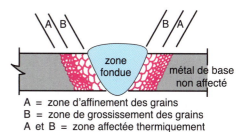

A = zone d'affinement des grains
B = zone de grossissement des grains
A et B = zone affectée thermiquement

Figure 5-10. *La zone affectée thermiquement (ZAT) possède deux régions : la zone à grains fins (A) et la zone à gros grains (B). Lors du soudage, la zone à gros grains est portée à une température plus importante que la zone à grains fins.*

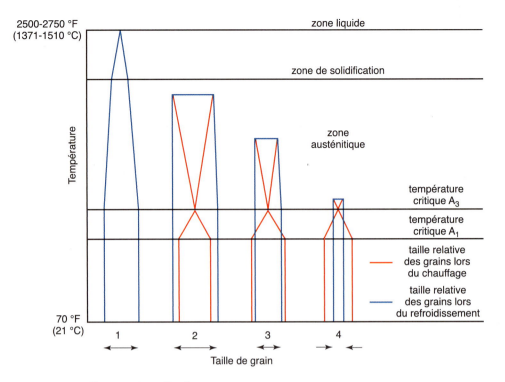

Figure 5-11. Influence du chauffage sur la taille de grain d'un acier. Un acier chauffé à haute température a de gros grains. Un acier ayant atteint une température juste au-dessus de la température critique A_3 puis ayant été refroidi, a des grains fins.

5.4 Recuit de l'acier

Le terme *recuit* est fréquent en traitement thermique et comprend un certain nombre d'opérations. Le recuit est généralement considéré comme étant le type de traitement thermique qui mène l'acier à un adoucissement complet.

L'opération de recuit peut être effectuée pour un certain nombre de raisons :
- Pour amener l'acier à l'adoucissement et permettre le formage à froid.
- Pour rendre l'acier usinable.
- Pour relaxer les contraintes et déformations internes produites lorsque le métal est mis en forme ou soudé.

Pour la plupart des aciers, un traitement de recuit complet se décompose de la façon suivante :
1. Chauffage de l'acier entre 28 et 56 °C (50 et 100 °F) au-dessus de la température critique A_3 (figure 5-12).
2. Maintien pendant un certain temps. Une règle générale consiste à laisser une heure par pouce d'épaisseur (24,5 mm).
3. Refroidissement dans un four à vitesse contrôlée. Le refroidissement s'effectue jusqu'à 28 °C sous la température critique A_1.
4. Refroidissement à l'air jusqu'à température ambiante. Ce processus est illustré graphiquement à la figure 5-13A.

Comme mentionné précédemment, la taille de grain finale dépend de la durée et de la température. Elle affecte

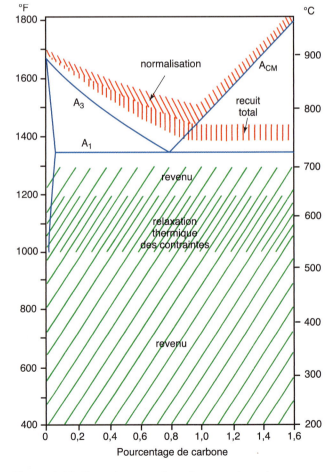

Figure 5-12. Températures de traitement thermique pour différents aciers au carbone. Pour utiliser le graphe, repérez la teneur en carbone de l'acier devant être traité thermiquement sur l'axe horizontal du bas. Prolonger la ligne en montant jusqu'au traitement thermique désiré. La température recommandée pour ce traitement se trouve sur l'axe vertical.

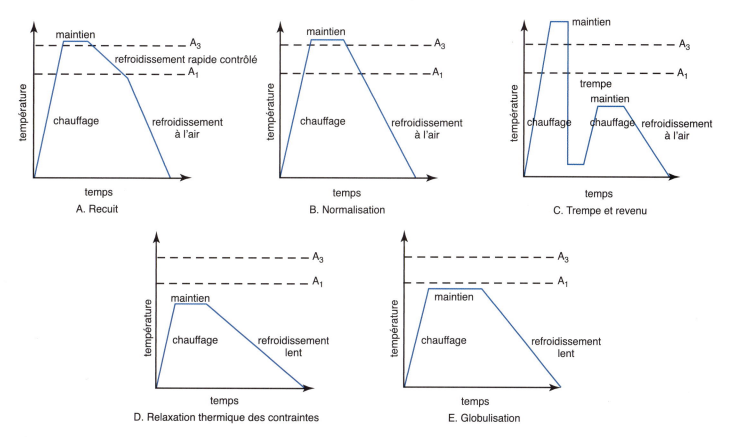

Figure 5-13. Diagrammes montrant les cinq processus de traitement thermique. Le temps de maintien est assez long pour que l'acier atteigne une température uniforme. Pour la globulisation, il est beaucoup plus long pour permettre à la cémentite de former des sphères.

les propriétés physiques de l'acier. Comme on peut le voir à la figure 5-14, la *limite d'élasticité* (limite élastique) et la *ductilité* augmentent lorsque la taille de grain diminue. Notez qu'une augmentation du nombre de grains par pouce correspond à une diminution de la taille de grain. La **limite élastique** est la charge maximale qui produit une déformation élastique (linéaire) dans l'acier. La **limite d'écoulement plastique** est la charge (en psi ou MPa) où la déformation plastique débute.

Un autre de type de recuit est le *recuit intermédiaire*. On le met en œuvre généralement sur des aciers faibles en carbone. L'acier est chauffé mais reste à une température inférieure à la température critique A_1. Il est maintenu à cette température le temps nécessaire à ce que l'adoucissement se produise, puis refroidi à l'air. Ce traitement prend moins de temps et est plus économique qu'un recuit total car les températures atteintes sont plus faibles et le refroidissement, plus rapide.

5.5 Normalisation de l'acier

S'il n'est pas nécessaire d'avoir une structure complètement adoucie, on peut utiliser un traitement thermique de normalisation. On gagne du temps et de l'argent par rapport au recuit.

La **normalisation** sert à rendre la structure interne d'un acier plus uniforme. Une structure normalisée aura

Nb de grains sur une ligne de 25,4 mm de long	Limite élastique		Pourcentage de réduction de la section
	psi	MPa	
210	44 000	303	20
222	44 500	307	22
322	47 000	324	35

Figure 5-14. Influence de la taille de grain sur la limite élastique et la ductilité. La réduction de section est un indicateur de la ductilité du métal ou encore son aptitude à s'étirer avant de rompre. Plus la réduction de section est importante, plus la ductilité du métal est élevée.

des propriétés mécaniques plus uniformes et une meilleure ductilité qu'une pièce aux contraintes internes. La structure résultante n'est pas autant adoucie ni libre de contraintes que dans le cas du recuit total.

La procédure de normalisation est la suivante :
1. Chauffage de l'acier à 56 °C (100 °F) au-dessus de la température critique supérieure (figure 5-12).
2. Maintien à la température désirée jusqu'à ce que l'ensemble de la pièce soit chauffé uniformément.
3. Refroidissement à l'air libre jusqu'à température ambiante. Le processus de normalisation est illustré à la figure 5-13B.

5.6 Trempe et revenu de l'acier

Un acier refroidi très rapidement à partir d'un état austénitique forme de la martensite. La martensite est très dure et résistante mécaniquement mais fragile. La figure 5-15 montre un récipient de trempe utilisé pour refroidir des pièces métalliques.

Le revenu est utilisé pour améliorer la ductilité et la ténacité de la martensite. Une partie de la dureté et de la résistance mécanique est perdue. La structure finale a de très bonnes caractéristiques de résistance mécanique et de dureté, ainsi que de bonnes caractéristiques de ténacité et de ductilité.

Une *structure trempée revenue* est produite de la façon suivante :
- Chauffage de l'acier jusqu'à la région austénitique. (L'acier peut également se trouver dans cette région lors du soudage.)
- Trempe très rapide pour former de la martensite.
- Chauffage entre 200 et 700 °C (400 à 1300 °F) et maintien pour effectuer un revenu de la martensite.
- Refroidissement à température ambiante.

Ce processus est illustré figure à la 5-13C. À noter que la température de revenu est inférieure à la température critique A_1. On le voit également à la figure 5-12.

5.7 Relaxation thermique des contraintes

Le *traitement de relaxation thermique des contraintes* est utilisé pour réduire les contraintes résiduelles dans un acier. Ces contraintes peuvent résulter d'un écrouissage ou du soudage.

Le traitement de relaxation thermique des contraintes est similaire au revenu. L'acier est chauffé à une température variant entre 535 et 650 °C (1000 à 1200 °F), en dessous de la température critique A_1. Les résultats de ce traitement sont une réduction des contraintes résiduelles et une amélioration de la ductilité.

La procédure usuelle pour la relaxation thermique des contraintes est la suivante :
1. Chauffage de l'acier à la température désirée.
2. Maintien à cette température.
3. Refroidissement lent à température ambiante. Le processus est illustré à la figure 5-13D.

La figure 5-16 montre des résistors en place sur un réservoir de grande taille. Ils sont utilisés pour préchauffer le métal avant le soudage et pour détensionner après le soudage.

Figure 5-15. Ensemble de cylindres plongés dans une cuve de trempe.

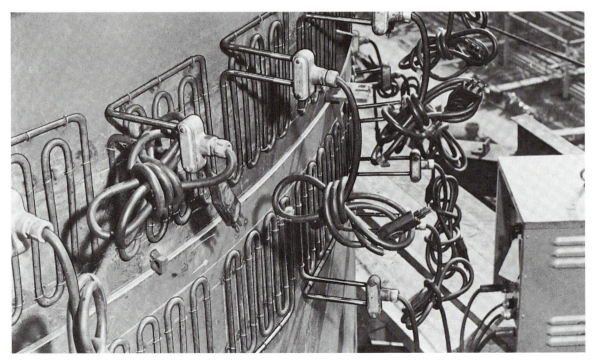

Figure 5-16. Résistors utilisés sur un réservoir de stockage de grande taille. Les résistances sont utilisées pour préchauffer le joint à souder et pour relaxer thermiquement les contraintes après soudage.

5.8 Globulisation

La globulisation est un procédé d'amélioration de la ductilité d'un acier à haut carbone. La cémentite apparaît sous forme de petites sphères isolées. L'essentiel de la structure est constitué de ferrite. La microstructure peut être observée à la figure 5-17. Le résultat de la sphéroïdisation d'un acier à haut carbone est une bonne ductilité de façon à ce qu'il soit mis en forme ou usiné.

La procédure de globulisation est la suivante :
1. Chauffage de l'acier à une température juste en dessous de la température critique A_1.
2. Maintien à cette température pour permettre à la cémentite de former des sphères.
3. Refroidissement lent à température ambiante. Le processus est illustré à la figure 5-13E.

5.9 Durcissement de l'acier

Les aciers ayant moins de 0,35 % de carbone ne peuvent pas être durcis par traitement thermique. La teneur maximale en carbone d'un acier est de 1,86 %. Entre ces deux extrêmes, il est possible d'obtenir presque tous les degrés de durcissement en adoptant le taux de carbone et le traitement thermique appropriés. Il n'est pas rare en pratique d'obtenir avec la dureté un affinement de la structure des grains.

Afin d'obtenir la dureté maximale, l'acier est chauffé juste au-dessus de la température critique A_3, puis trempé rapidement. Les températures de traitement thermique d'acier ayant différentes teneurs en carbone sont présentées à la figure 5-18. Comme il est mentionné à la section 5.3, la vitesse de refroidissement détermine largement la dureté et la fragilité du métal. L'eau froide, l'air et

Pourcentage de carbone	Température critique pour le durcissement et le recuit total		Recuit intermédiaire	
	°F	°C	°F	°C
0,10	1675-1760	913-960		
0,20	1625-1700	885-927		
0,30	1560-1650	849-899		
0,40	1500-1600	816-871		
0,50	1450-1560	788-849	1020 à 1200	549 à 649
0,60	1440-1520	782-827		
0,70	1400-1490	760-810		
0,80	1370-1450	743-788		
0,90	1350-1440	732-782		
1,00	1350-1440	732-782		
1,10	1350-1440	732-782		
1,30	1350-1440	732-782		
1,50	1350-1440	732-782		
1,70	1350-1440	732-782		
1,90	1350-1440	732-782		
2,00	1350-1440	732-782		
3,00	1350-1440	732-782		
4,00	1350-1440	732-782		

Figure 5-18. *Température de chauffage pour le durcissement et le recuit de différents aciers au carbone.*

des bains en fusion sont utilisés pour refroidir le métal. Un refroidissement à l'eau résulte en une fragilité extrême et une dureté maximale. Le refroidissement à l'air ou dans des bains de métal en fusion tend à faire perdre la fragilité, mais en sacrifiant une partie de la dureté.

La dureté d'un métal dépend de la distribution et de la structure de la cémentite à travers le métal. Lorsque l'acier est refroidi rapidement, la cémentite n'a pas le temps de s'agréger. Lorsque la vitesse de refroidissement est lente, la cémentite se regroupe, laissant des plages de ferrite plus tendres que la cémentite.

5.9.1 Revenu d'un burin

Une opération communément réalisée en laboratoire est le traitement thermique d'un burin. Ce type de pièce est le plus souvent constitué d'un acier à environ 0,75 % de carbone et doit posséder les caractéristiques suivantes :
- Le bord coupant doit être extrêmement dur.
- Le métal attenant à la zone coupante doit être dur et tenace mais pas fragile.
- Le corps du burin et l'extrémité servant au martelage doivent également être résistants.

Pour obtenir ces différentes propriétés à partir d'une même teneur en carbone, le traitement thermique doit être le suivant :
1. Chauffez lentement le burin jusqu'à une température juste au-dessus de sa température critique (730 °C ou 1350 °F, mis en évidence par une couleur rouge cerise).
2. Laissez s'établir une température homogène dans la masse, puis effectuez une trempe du bord coupant dans l'eau froide sur une longueur de 24,5 mm (1 po).

Figure 5-17. *Micrographie de la structure de grains d'un acier à haut carbone sphéroïdisé. Les sphères sont de la cémentite et le fond, de la ferrite.*

3. Patientez le temps que la partie immergée s'assombrisse, puis enlevez rapidement le burin de l'eau tandis que l'autre extrémité de la pièce est encore rouge.
4. La chaleur émise par la partie portée au rouge cheminera jusqu'au bord de coupe et le réchauffera lentement. À l'aide d'un support dont l'une des faces est recouverte de toile d'émeri, polir la surface plane vers le bord de coupe. Faites attention de ne pas vous brûler.
5. Examinez attentivement la surface polie. Lorsque la chaleur passe du corps du burin vers cette partie, la surface polie changera graduellement de couleur. Elle deviendra couleur paille puis bronze. Lorsque la température augmente, la surface deviendra cramoisie à cause de l'oxydation du métal. Cette couleur indique que l'acier a atteint environ 315 °C (600 °F).
6. Placez doucement le bord de coupe dans l'eau. Si le corps de l'outil s'est refroidi en-deçà du rouge (ce qui doit être le cas), l'ensemble de la pièce peut être immergé dans un seau d'eau.

Si le rythme du traitement thermique est correct et si la température initiale n'est pas trop élevée, le burin aura un bord tranchant dur et le corps de l'outil sera relativement dur et résistant. Si la température à l'origine est trop élevée, le burin sera fragile et se fissurera facilement à cause de sa structure à gros grains. Le bord coupant sera trop dur et s'écaillera à l'usage. Si le bord coupant a été retrempé trop tôt, il sera dur et le bord se cassera. Si le corps du burin est trempé trop tôt (avant qu'il devienne rouge foncé), il sera trop dur et fragile et se fissurera à l'utilisation. Un burin fragile est un outil dangereux à cause des fissures et des éclats ; des particules de métal peuvent causer des blessures.

5.9.2 *Durcissement superficiel*

La trempe superficielle est largement utilisée en fabrication. Dans un grand nombre d'applications, comme les engrenages, les arbres et les bielles, il est recommandé de produire des surfaces les plus résistantes possible à l'usure. La partie interne de la structure doit rester ductile et tenace. Une surface dure permet une usure à long terme et maintient la géométrie de la pièce, tandis que l'intérieur de la pièce assure la résistance aux chocs.

Une des méthodes communément utilisées pour durcir un métal en surface est le *durcissement à la flamme*. Une pièce devant être traitée au chalumeau est d'abord traitée thermiquement pour produire une structure résistante et ductile dans la masse. Les surfaces à durcir sont alors disposées dans une machine de durcissement à la flamme. Une flamme oxygaz multiple est passée sur la surface pour la chauffer rapidement à haute température. Après la flamme, un jet d'eau à fort débit refroidit rapidement la surface entière (figure 5-19). La profondeur de la dureté peut être contrôlée en suivant la température de la surface et la vitesse de refroidissement. Le durcissement à la flamme est un moyen rapide et économique de durcir la surface d'un métal.

Il existe deux méthodes additionnelles pour le durcissement superficiel : par faisceau laser ou par faisceau d'électrons. Le procédé est similaire au durcissement à la flamme, si ce n'est que le laser ou le faisceau d'électrons est utilisé à la place de celle-ci. Le laser ou le faisceau d'électrons est dirigé vers la surface à durcir. Les deux systèmes peuvent être focalisés de façon précise afin d'atteindre des surfaces étroites ou difficilement accessibles. L'épaisseur du traitement avec un faisceau laser ou un faisceau d'électrons se contrôle plus facilement qu'avec une flamme oxygaz. Ces procédés sont par ailleurs beaucoup plus rapides mais le matériel est coûteux.

5.9.3 *Cémentation*

Une autre solution au problème de la production d'un article métallique dont l'intérieur est tenace et la surface dure et résistante à l'usure est la *cémentation*.

La pièce est constituée d'acier faible en carbone, de façon à être usinable. Les surfaces à cémenter sont exposées au carbone à haute température. On réalise cette opération en plaçant la pièce dans un four à cémentation. Le four contient une atmosphère riche en carbone, en général du *monoxyde de carbone* (CO). À haute température dans le four, l'acier absorbe une partie du carbone au niveau de sa surface. Le carbone pénètre dans la pièce de l'ordre de 0,4 mm (1/64 po) par heure. La surface de la pièce en acier contient alors plus de carbone que le corps.

Dans certains cas, on souhaite ne pas cémenter une partie de la pièce placée dans le four. Afin d'éviter à une surface d'absorber du carbone, on lui applique un revêtement cuivreux.

La pièce cémentée est traitée thermiquement par procédé de trempe et revenu. L'acier est porté à sa température critique puis trempé. Cela produit une surface très dure. L'intérieur de la pièce est toujours constitué d'acier faible en carbone, avec une structure de grains affinés. Comme il est spécifié à la section 5.4 et à la figure 5-14, lorsque la taille de grain diminue, la résistance mécanique et la ductilité de l'acier augmentent. L'intérieur d'une pièce cémentée est donc résistant et tenace.

La pièce est finalement revenue afin d'améliorer la ténacité de la surface extérieure. La figure 5-20 montre une dent d'engrenage cémentée.

5.10 Traitement thermique des aciers à outils

Les aciers à outils possèdent un haut taux de carbone. Ils peuvent être utilisés par exemple pour des burins, des marteaux, des lames de scie, des ressorts, des outils de tours ou de fraisage, des poinçons et des matrices d'estampage et de mise en forme des métaux. La teneur en carbone de ces aciers est détaillée à la figure 5-5.

Lorsque ces aciers à outils sont mis en forme, l'acier doit être ductile. Pour obtenir une bonne ductilité, on procède à un recuit ou à une globulisation, laquelle produit une meilleure ductilité que celle d'un métal recuit.

Ces aciers à outils doivent être très durs lorsqu'ils sont utilisés. Pour créer une certaine dureté, l'acier est traité thermiquement par trempe et revenu. On utilise différentes températures de revenu pour obtenir la combinaison de dureté et ténacité désirée.

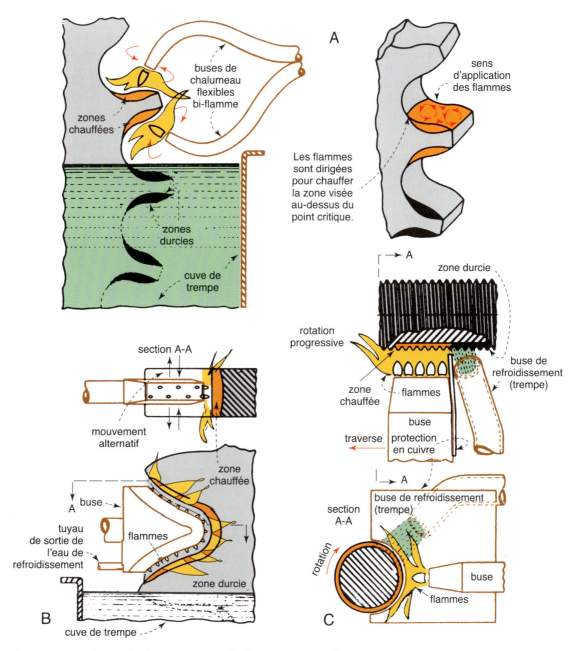

Figure 5-19. Applications populaires du durcissement à la flamme. A – Le durcissement à la flamme manuel permet d'obtenir une concentration de chaleur dans les zones demandant de la dureté en profondeur. B – Le fond et les faces opposées d'une dent d'engrenage sont chauffés avec une buse pour contours. C – Une rotation progressive est employée pour les filets fins en utilisant une buse refroidie à l'eau hors du circuit de trempe.

Figure 5-20. Section transversale d'une dent d'engrenage cémentée où la surface de cémentation est mise en évidence.

Pour effectuer un traitement thermique sur un acier à outils, le soudeur doit connaître la teneur en carbone de cet acier et le processus de traitement thermique à mettre en œuvre. La figure 5-12 peut être utilisée afin de déterminer la bonne température de traitement thermique adaptée à l'acier.

Pour déterminer cette température à la figure 5-12, trouvez la composition en carbone de l'acier sur l'axe horizontal. Suivez une ligne verticale jusqu'à atteindre le type de traitement thermique visé. Puis suivez une ligne horizontale vers l'axe des températures à gauche ou à droite. Par exemple, vous pouvez déterminer la température adaptée au recuit complet d'un acier à outils à 0,9 % de carbone. Trouvez 0,9 sur l'échelle horizontale.

Allez directement en montant dans le domaine du recuit complet, puis rejoignez l'échelle des températures. La température adéquate pour un recuit complet d'un acier à outils à 0,9 % de carbone est légèrement supérieure à 760 °C (1400 °F).

5.11 Traitement thermique des aciers alliés

La température critique est modifiée lorsque des éléments d'alliages sont introduits dans un acier. En général, ils abaissent cette température. Lorsque le soudeur veut effectuer un traitement thermique sur un acier allié, la considération de la teneur en carbone ne suffit pas ; la teneur en éléments d'alliage doit également être connue.

Pour un soudeur, il est presque impossible de savoir quels sont les éléments présents dans un acier. La seule façon de le savoir est d'obtenir un certificat matière du fabricant. Même en connaissant les différents éléments ajoutés, il est très difficile de sélectionner la température adéquate pour un traitement thermique. La meilleure façon de procéder est d'exiger et de suivre les recommandations du fabricant.

5.12 Traitement thermique des fontes

Il existe quatre principaux types de fontes : la fonte grise, la fonte blanche, la fonte ductile et la fonte malléable. Elles sont similaires en ce qui concerne la teneur en carbone mais leurs propriétés sont quelque peu différentes.

La *fonte grise* est formée par solidification lente d'un lingot. Le graphite (carbone) forme des pétales (figure 5-21). On peut également créer de la fonte grise à partir d'un lingot chauffé entre 1010 et 1120 °C (1850 et 2050 °F) puis refroidi lentement. On utilise ce traitement thermique après soudage de la fonte grise. Le soudage rend souvent la zone fondue et la zone affectée thermiquement plus dures et plus fragiles que le reste de la pièce. Ce traitement thermique uniformise la microstructure et les propriétés de la pièce moulée.

La *fonte blanche* se forme lorsqu'un lingot est solidifié rapidement. Elle est plus dure que la fonte grise et est très fragile. On peut l'obtenir par traitement thermique en chauffant une pièce en fonte à une température entre 900 et 1120 °C (1650 à 2050 °F) puis en la trempant (refroidissement rapide).

Le traitement thermique le plus commun pour la fonte blanche est sa transformation en de la *fonte malléable*. Celle-ci est ductile, et donc usinable, ce qui n'est pas possible avec de la fonte blanche. Pour obtenir de la fonte malléable, on chauffe de la fonte blanche entre 790 et 900 °C (1450 à 1650 °F). On maintient cette température 24 heures par pouce (25,4 mm) d'épaisseur de la pièce moulée. À cette température, le carbone se délite en des sphères irrégulières. Le refroidissement s'effectue lentement jusqu'à la température ambiante. La microstructure d'une fonte malléable contient de petites sphères de carbone ; le reste de la matière étant de la ferrite faible en carbone. Cette microstructure est ductile, ou encore malléable.

Figure 5-21. Microstructure d'une fonte grise.

Figure 5-22. Microstructure d'une fonte ductile.

Un quatrième type de fonte est la *fonte ductile*, quelquefois appelée *fonte nodulaire*. Ce type de fonte n'est pas obtenu par traitement thermique, mais en ajoutant du magnésium ou du cérium en tant qu'éléments d'alliage. Lorsque la fonte est coulée, le magnésium ou le cérium attire le carbone et forme des sphères de graphite (figure 5-22).

Comme le carbone se trouve dans les sphères, le fer restant contient peu de carbone et est donc très ductile. La fonte ductile possède de bonnes caractéristiques mécaniques, de dureté et de ductilité.

5.13 Traitement thermique du cuivre

Le cuivre et ses alliages deviennent durs et fragiles lorsqu'ils sont travaillés mécaniquement. Ce métal peut cependant retrouver sa ductilité grâce à un recuit. Le recuit du cuivre s'effectue entre 750 et 1000 °C (1400 à 1800 °F). Il est ensuite trempé à l'eau. Ce traitement rend au cuivre ses capacités initiales en terme de ductilité.

Une attention particulière doit être portée au chauffage du cuivre à sa température de recuit car ce matériau connaît le phénomène, ou changement physique, de *fragilisation à chaud*. À cette température, le cuivre perd soudainement sa tenue mécanique. S'il n'est pas sur un support ou si on lui applique une déformation, il va se rompre aisément.

Certains alliages de cuivre sont connus pour leur grande résistance en traction ou leur importante dureté. Pour obtenir une résistance élevée, le cuivre est tout d'abord recuit. Il est ensuite travaillé à froid, en général laminé. Puis l'alliage est durci par vieillissement, ce qui implique un chauffage entre 315 et 500 °C (600 à 950 °F) pendant un certain nombre d'heures. Un alliage cuivre-beryllium a une résistance en traction de 1200 MPa, soit 173 000 psi.

5.14 Traitement thermique de l'aluminium

L'aluminium est semblable au cuivre sous bien des aspects. L'aluminium se durcit et devient plus fragile lorsqu'on le travaille à froid. Ce matériau possède également la caractéristique de *fragilisation à chaud*, de telle façon que la pièce à traiter doit tenir sur un support.

Il existe un certain nombre de traitements thermiques utilisés pour l'aluminium et ses alliages. Un code comportant une lettre et un nombre est utilisé pour les désigner. Les traitements les plus communs et leurs codes sont listés à la figure 5-23. Ce code suit la désignation de l'alliage. Voici quelques exemples : 1100-O, 2017-T4 ; 6061-T6 ; 7075-W.

Le durcissement structural est un processus ayant lieu lors de l'écrouissage. Il peut provenir du laminage, de l'étirage ou de la mise en forme. Le durcissement structural augmente la dureté des alliages d'aluminium.

Le traitement de recuit d'un alliage d'aluminium est effectué en le chauffant à 345 °C (650 °F) ou 415 °C (775 °F), selon l'alliage. Le maintien de la température s'étend sur deux ou trois heures puis le refroidissement est effectué. La vitesse de refroidissement n'a pas d'importance et n'affectera pas la structure finale.

Un traitement thermique de mise en solution est similaire au recuit. La procédure de mise en solution consiste en un chauffage entre 500 et 520 °C (940 à 970 °F). Cette température est maintenue puis une trempe à l'eau est effectuée. Cela produit une distribution uniforme des éléments d'alliage dans l'aluminium. L'alliage d'aluminium est écroui ou vieilli pour atteindre la résistance et la dureté désirées.

H		durcissement structural
O		recuit
W		traitement thermique de mise en solution
T		traitement thermique
	T1	vieillissement naturel
	T2	recuit (seulement pour les produits de fonderie)
	T3	mise en solution et travail à froid
	T4	mise en solution et vieillissement naturel
	T5	vieillissement artificiel (à partir d'un état brut de coulée)
	T6	mise en solution et vieillissement artificiel
	T7	mise en solution et stabilisation
	T8	mise en solution, travail à froid et vieillissement artificiel
	T9	mise en solution, vieillissement artificiel puis écrouissage
	T10	vieillissement artificiel puis écrouissage

Figure 5-23. Désignation par un code lettre-chiffre des traitements thermiques des alliages d'aluminium. Chaque désignation « T » suivie d'un nombre est une sous-catégorie de la classe « T ».

Le vieillissement peut être mené de façon naturelle ou artificielle. Le vieillissement naturel a lieu à température ambiante. Le vieillissement artificiel est un chauffage de l'alliage d'aluminium à température élevée. Un alliage d'aluminium vieilli a une meilleure tenue mécanique et une meilleure dureté que par recuit ou mise en solution par traitement thermique. La température pour un vieillissement T6 se situe entre 160 et 180 °C (320 à 360 °F) pendant 6 à 12 heures.

5.15 Mesures de température

Un traitement thermique ne peut être adéquat s'il n'y a pas de mesure précise de la température du métal.

Le plus difficile dans ce type de mesure est de déterminer si la température en surface est également celle du cœur de la structure.

Voici différents moyens de mesurer des températures très élevées :
- Pyromètres optiques
- Thermomètres à gaz
- Pyromètres thermoélectriques (figure 5-24)
- Thermomètres à résistance
- Pyromètre à rayonnement
- Changement de couleur du métal
- Crayons, cones, pastilles ou liquides indicateurs de température. Des pastilles indicatrices de température sont présentées à la figure 5-25.

L'un des facteurs les plus importants en soudage est la mise en œuvre du préchauffage et du postchauffage adaptés au métal. La température à laquelle le métal est porté est d'une importance vitale, car quelques degrés de plus ou de moins peuvent mener à un résultat indésirable.

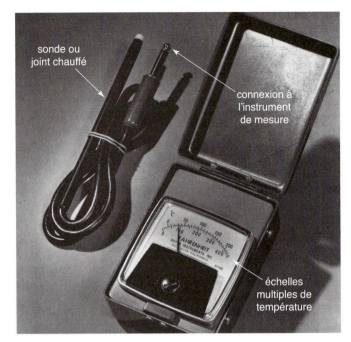

Figure 5-24. Appareil de mesure thermoélectrique de la température. La sonde électrique attire une petite quantité d'énergie calorifique à partir de la surface à mesurer.

Figure 5-26. Cet indicateur de température liquide est déposé comme une peinture sur le métal. Après séchage il fondra à la température indiquée sur la bouteille.

Figure 5-27. On utilise souvent deux crayons indicateurs de température pour maintenir la température d'un métal entre deux valeurs limites.

Figure 5-25. Pastilles indicatrices de température. Ces pastilles comportant une indication de 114 °C (238 °F) vont commencer à fondre à cette température.

Des fours automatiques avec un contrôle de l'apport de chaleur et une indication de température par thermocouples sont recommandés. Ces dispositifs représentent cependant une dépense trop importante pour un grand nombre de petits ateliers. Dans ce cas, les indicateurs de température sous forme de crayons, de pastilles ou de liquides représentent une excellente solution au problème.

Un indicateur de température liquide est présenté à la figure 5-26. La figure 5-27 montre un crayon indicateur de température et la figure 5-28, l'utilisation d'un tel crayon. Ces matériels servent à indiquer une large gamme de températures. Entre 45 et 204 °C (113 et 400 °F) l'indication

Figure 5-28. Crayon indicateur de température. La marque à 120 °C (250 °F) va fondre lorsque la température atteinte sera de 120 °C (250 °F).

se fait avec un pas de 7 °C (45 °F) ; dans la gamme 204 à 1093 °C (400 °F à 2000 °F), le pas est de 28 °C (82 °F). Les pastilles indiquent avec un pas de 38 °C (100 °F) entre 1093 et 1371 °C (2000 et 2500 °F). La figure 5-29 montre un kit de test contenant un ensemble de crayons indicateurs de température. Ces crayons sont utilisés pour marquer la surface du métal. Lorsque le bon crayon a été choisi, la marque va fondre et changer de couleur. La figure 5-30 illustre une façon d'utiliser un tel crayon en soudage afin de mesurer la température d'un tube avant soudage.

5.16 Règles de sécurité

Le traitement thermique des métaux demande au soudeur de mettre en pratique les mesures de sécurité relatives à la manipulation de métal chaud. **Des gants sont nécessaires et des lunettes de protection sont hautement recommandées dans la plupart des cas.** Les pièces de métal chaudes doivent être mises en sureté et marquées afin que personne ne se blesse.

Figure 5-29. Kit de mesure de température qui contient des crayons entre 50 et 425 °C (125 à 800 °F).

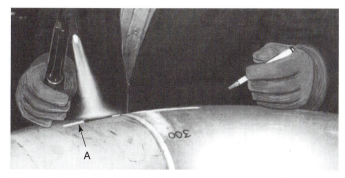

Figure 5-30. Soudeur préparant un joint sur un tube par chauffage à 150 °C (300 °F). Notez la marque du crayon en A et la façon dont elle fond lorsque la torche passe dessus.

La trempe des métaux nécessite une protection de sécurité pour le visage afin de le protéger des projections de liquides à haute température. Comme il existe une grande variété de sources de chaleur pour le traitement thermique, le soudeur doit étudier les consignes de sécurité pour chacune d'entre elles.

Testez vos connaissances

1. Le traitement thermique le plus commun est _____.
2. Le chauffage peut intervenir à trois moments lors du soudage : avant, pendant et après. Quel est le nom donné à chaque période du chauffage ?
3. Quels sont les quatre facteurs importants lorsqu'on chauffe du métal ?
4. Quelle est la microstructure de l'acier déterminant sa dureté ? Quelle est la microstructure déterminant sa ductilité ?
5. Comment se forme la martensite ? Comment se forme la perlite ?
6. Décrivez les régions de la zone affectée thermiquement et la façon dont elles se forment.
7. Quel est le but du recuit ?
8. En quoi la normalisation diffère-t-elle du recuit ?
9. Décrivez le processus de trempe et revenu ainsi que les propriétés d'un acier trempé revenu.
10. La relaxation thermique des contraintes réduit les _____ _____ et améliore la _____ d'un acier.
11. Que se passe-t-il lorsqu'un acier à haut taux de carbone subit un traitement de globulisation ?
12. De quoi dépend la dureté d'un acier ?
13. Décrivez une façon de produire un engrenage ayant une surface externe dure et interne résistante mécaniquement.
14. Décrivez le traitement thermique interne le plus utilisé sur la fonte blanche.
15. Quel est le traitement thermique utilisé pour adoucir le cuivre ?
16. Quel processus est utilisé pour conférer au cuivre une haute tenue mécanique et une forte dureté ?
17. Comment durcit-on l'aluminium ?
18. Pour un alliage d'aluminium, quel est le traitement thermique correspondant à la désignation T6 ?
19. Quel est le résultat d'un traitement de mise en solution d'un alliage d'aluminium ?
20. De quelle façon peuvent être utilisés les crayons, pastilles et liquides indicateurs de température afin d'identifier correctement la température d'un métal ?

Chapitre 6
Examens, contrôles et essais des soudures

...destructifs (END)

...tructifs (END) sont mis en œuvre ...un assemblage sans endommager ...ntinuera d'être utilisable après ...s fabricants prêtent un intérêt tout ...des soudures ou à leur aptitude au ...ssais non destructifs représentent ...mportante de la fabrication par ...ns les détails, l'*aptitude au service* ...u principe que toutes les soudures ... Heureusement, les défauts sont ...ès petite taille. Les petits défauts ...ormances de l'assemblage soudé. ...p grande taille, ou s'ils sont trop ...ce altérera les performances de ...e soudure peut être défaillante à ...défauts. Les défauts ou les discon-...est trop importante sont appelés

...moment un défaut devient inac-...esponsabilité importante pour les ...nception d'un assemblage soudé, ...lué de manière non destructive. ...lisés, puis l'assemblage est soumis ... Les essais correspondants sont ...éprouvettes. Le but de ces essais ...uel moment un défaut devient ...t taille d'un tel défaut ou *taille* ...tous les défauts ayant une taille ...oivent être considérés comme ...non destructifs seront pratiqués ... similaires afin de localiser les ...de la taille critique de défaut. ...es pour les essais non destructifs

...uel
...magnétoscopie
...ultrasons (US)
...rayons X (RX)
...courants de Foucault

- La détection par spectromètre de masse
- Les essais d'étanchéité à l'air
- Les essais d'étanchéité au gaz halogène

Les méthodes d'essais non destructifs les plus courantes sont le contrôle visuel, le contrôle par magnétoscopie, le ressuage, le contrôle par ultrasons et le contrôle par radiographie.

6.2 Essais destructifs

Les essais destructifs sont utilisés pour déterminer les caractéristiques physiques d'une soudure. Pour chaque type de soudure et de matériau, un Descriptif de Mode Opératoire de Soudage (DMOS) est établi. Pour démontrer que le descriptif de mode opératoire de soudage permettra d'obtenir une soudure de bonne qualité, on utilise un Procès-verbal de Qualification de Mode Opératoire de Soudage (PV-QMOS) pour documenter la soudure ainsi que les essais qu'elle a subis. Il existe plusieurs codes et spécifications pour identifier le type et le nombre d'essais exigés pour la vérification des propriétés d'une soudure.

Les essais destructifs rendent la soudure impropre à une utilisation ultérieure. Les essais destructifs comprennent :
- L'essai de pliage
- L'essai de traction
- L'essai de rupture par choc
- L'essai de dureté
- L'examen micrographique
- L'examen macrographique
- L'analyse chimique
- Les essais de fatigue
- L'essai d'éclatement
- L'essai de déboutonnage (sur assemblages soudés par points et par bossage)
- L'essai de traction-cisaillement (sur assemblages soudés par points et par bossage)

6.3 Contrôle visuel

Le type le plus courant d'essai non destructif est le contrôle visuel. Le ***contrôle visuel*** permet de vérifier la dimension, la forme et la position des soudures. Ce type d'examen est destiné à déceler les défauts tels que les fissures, les inclusions, les caniveaux et le manque de pénétration.

Figure 6-1. *Gabarit pour la vérification de la forme des cordons de soudure.*

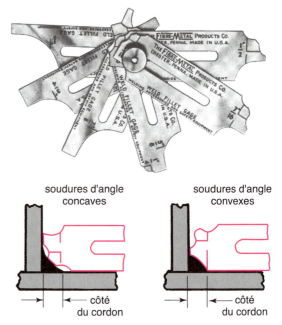

Figure 6-2. *En haut – Calibres utilisés pour vérifier les soudures d'angle convexes ou concaves de 6,5 à 25 mm (1/4 à 1 po). En bas – Lames de calibre utilisé pour vérifier la forme convexe ou concave des soudures.*

Le contrôle visuel permet également de détecter les projections, les surépaisseurs excessives et de vérifier que la totalité du laitier a été éliminée.

Un contrôle visuel peut impliquer l'utilisation de gabarits et de calibres (figures 6-1 et 6-2). Certaines entreprises ont mis au point des normes de bonne pratique que les inspecteurs utilisent pour décider si une soudure est acceptable ou non. Le contrôle visuel se limite aux surfaces externes de la soudure. Il s'agit d'un contrôle très efficace dans la mesure où la forme et la dimension représentent des paramètres très importants de la soudure. Les soudures présentes dans les applications critiques exigent des contrôles complémentaires pour mettre en évidence les défauts internes.

On utilise également d'autres outils pour le contrôle visuel des soudures tels que des loupes, des caméras vidéo miniatures, des calibres et des règles graduées (figures 6-3 et 6-4). Les mètres à ruban, les calibres et les règles graduées sont utilisés pour mesurer les dimensions générales afin de vérifier que la construction soudée respecte les dimensions spécifiées (figure 6-5). Le soudeur doit contrôler visuellement chacune des soudures. Un bon soudeur identifie la plupart des problèmes et y remédie dans les soudures à venir. Si un défaut est créé au cours du soudage, il doit être identifié et un surveillant ou un inspecteur doit être informé, sans quoi le défaut pourrait passer inaperçu.

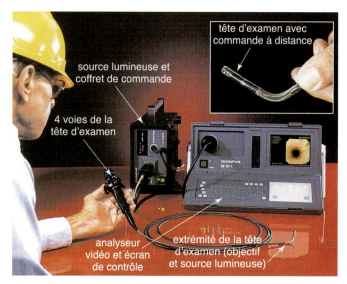

Figure 6-3. Caméra vidéo miniature et source lumineuse utilisées pour le contrôle visuel et l'enregistrement de la qualité des soudures dans des zones inatteignables sans cet équipement.

Figure 6-5. Calibres, mètres à ruban et autres accessoires d'usage manuel pour aider au contrôle visuel des soudures.

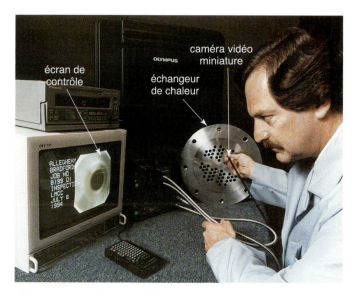

Figure 6-4. Technicien effectuant un contrôle visuel de recherche de défauts sur une tête d'échangeur.

6.4 Contrôle par magnétoscopie

Le *contrôle par magnétoscopie* est très efficace pour la détection des défauts débouchants ou situés près de la surface. Il n'est utilisé que sur des matériaux magnétiques. Avant l'application du produit de contrôle, la surface doit être nettoyée à l'aide d'un produit spécial fourni avec le nécessaire de contrôle. Un produit contenant de fines particules magnétiques est ensuite appliqué sur la soudure à contrôler. Des particules magnétiques fluorescentes peuvent également être utilisées. Les particules magnétiques sont appliquées sous forme liquide ou de poudre sèche.

On soumet ensuite la pièce à un champ magnétique de forte puissance. Sous l'action de ce champ magnétique, les extrémités des petites fissures ou des lacunes deviennent les pôles nord et sud d'aimants miniatures. Les particules magnétiques, sous forme de poudre ou en suspension dans un liquide, sont attirées par magnétisme vers les fissures ou les lacunes. Ces particules sont de couleur rouge, noire ou grise et peuvent être en suspension dans un liquide. Le choix de la couleur rouge, noire ou grise assure un meilleur contraste avec la pièce contrôlée. Lorsque le champ magnétique est supprimé, l'inspecteur constatera une concentration de particules magnétiques au voisinage de chaque défaut. Dans le cas où on utilise des particules magnétiques fluorescentes, on emploie de la « lumière noire » (lampe UV) pour mettre en évidence la position des défauts.

Dans le cas où des défauts sont décelés, on doit enlever la partie défectueuse ainsi que le métal environnant. La pièce est réparée par soudage et contrôlée à nouveau. La figure 6-6 montre le champ magnétique créé au voisinage de la zone soudée contrôlée.

Deux méthodes peuvent être utilisées pour créer le champ magnétique dans la pièce contrôlée :
- Passage de courant au travers de la pièce contrôlée au moyen de touches de contrôle.
- Mise en place d'une bobine électromagnétique ou d'un aimant permanent de forte puissance contre la pièce afin de créer un champ magnétique traversant la pièce à contrôler.

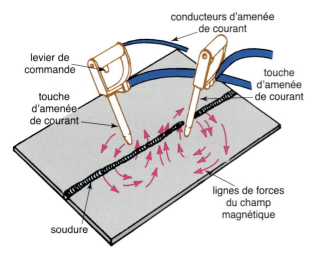

Figure 6-6. Un champ magnétique est créé près d'une soudure par le passage, au travers de la soudure, d'un courant électrique allant d'une touche à l'autre.

Figure 6-8. Contrôle par magnétoscopie. A – Nécessaire de contrôle par magnétoscopie. B – Les touches électromagnétiques sont utilisées pour pratiquer le contrôle. Remarquez le pistolet de pulvérisation de la poudre magnétique.

Les lignes de flux du champ magnétique doivent être aussi perpendiculaires que possible par rapport aux fissures. Comme la localisation des fissures n'est pas connue, la pièce doit être magnétisée deux fois. Un premier contrôle doit être effectué avec les touches ou la bobine placées suivant une direction donnée. Un second contrôle est réalisé avec les touches ou la bobine tournées de 90° par rapport à leur orientation lors du premier contrôle. La figure 6-7 illustre un contrôle par magnétoscopie en cours sur une pièce soudée. Le matériau constituant la pièce doit être aussi propre et brillant que possible avant d'effectuer le contrôle.

La bobine électromagnétique, le produit de nettoyage et la poudre magnétique utilisés lors du contrôle sont montrés à la figure 6-8. La figure 6-9 illustre un contrôle par magnétoscopie pour la recherche de défauts.

Figure 6-7. De la poudre magnétique et des touches d'amenée de courant permettent de détecter les défauts de surface d'une soudure. Un dispositif avec deux touches jumelées libère l'une des mains de l'inspecteur, ce qui lui permet d'appliquer la poudre lors du passage du courant.

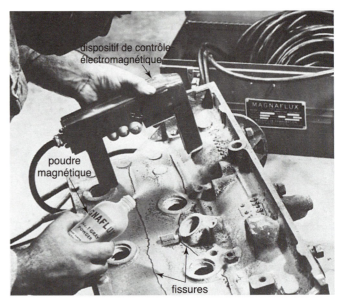

Figure 6-9. Contrôle par magnétoscopie utilisé pour la recherche de fissures sur un bloc moteur. Remarquez les lignes sombres qui indiquent les fissures.

Un champ magnétique peut également être obtenu en utilisant un aimant permanent comme illustré à la figure 6-10. Les dispositifs à électroaimant et à aimant permanent sont légers et pratiques. Les aimants permanents sont également utilisés lorsque la présence d'étincelles peut être dangereuse. Un autre type d'électroaimant, illustré à la figure 6-11, est utilisé pour le contrôle des tubes et des arbres.

Le contrôle par magnétoscopie est très répandu chez les fabricants de matériel de transport (avions, véhicules automobiles, camions, autobus et construction navale) qui l'utilisent pour la détection des fissures. La détection des fissures sur les axes de roues, les fûts, les engrenages, les boîtes de vitesses et les pièces de trains d'atterrissage est primordiale pour éviter des ruptures en service.

6.5 Contrôle par ressuage

Le *contrôle par ressuage* utilise des liquides pénétrants colorés ou fluorescents pour révéler les défauts débouchants. Cette méthode peut être utilisée pour déceler les défauts débouchants sur les métaux, les plastiques, les céramiques ou le verre, mais ne permet pas de déceler les défauts ou les discontinuités non débouchants.

Les différentes étapes de réalisation d'un contrôle par ressuage correct utilisant un liquide pénétrant coloré ou fluorescent sont les suivantes :

1. Nettoyez la pièce avec le produit spécial fourni avec le nécessaire de ressuage.
2. Appliquez le liquide pénétrant et attendez qu'il ait pénétré dans les fissures ou les piqûres.
3. Éliminez l'excès de liquide pénétrant à l'aide d'eau, de solvant ou d'un émulsifiant. Le type de pénétrant utilisé détermine le produit à utiliser pour éliminer l'excès.
4. Appliquez le révélateur.
5. Recherchez les discontinuités et les défauts.
6. Nettoyez la surface après avoir terminé l'examen.

Avant l'application du révélateur, on doit éliminer l'excès de pénétrant. Certains pénétrants sont éliminés à l'eau, d'autres en utilisant un solvant. Un troisième type de pénétrant exige l'utilisation d'émulsifiant, qui permet au pénétrant d'être soluble dans l'eau. L'eau est utilisée pour éliminer à la fois le pénétrant et l'émulsifiant.

Le révélateur est ensuite appliqué. Une partie du pénétrant qui se trouve à l'intérieur du défaut ressue. Une coloration est visible à l'endroit du défaut, ce qui en révèle la présence. Les défauts débouchants seront mis en évidence (figure 6-12).

Figure 6-10. Nécessaire de contrôle par magnétoscopie avec aimant permanent. Les flacons souples contiennent des poudres de couleur rouge, noire ou grise constituées de particules magnétiques.

Figure 6-11. Electroaimant en forme d'anneau ou de tore utilisé pour le contrôle par magnétoscopie des tubes et des arbres. Un interrupteur à pédale est visible en bas à droite.

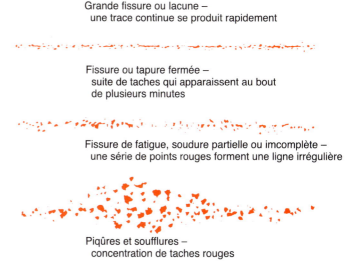

Figure 6-12. Indications de défauts débouchants révélés par contrôle par ressuage coloré ou fluorescent.

Des liquides fluorescents sont utilisés de la même manière que les liquides colorés. Un liquide fluorescent est appliqué sur la surface contrôlée. Après quelques instants, l'excès de liquide fluorescent est éliminé à l'aide d'un produit de nettoyage. On applique le révélateur et une source de lumière UV (lumière noire) est ensuite approchée de la surface. Chaque endroit où le liquide fluorescent a pénétré et a ressué dans le révélateur, sera mis en évidence de façon très nette par la lumière UV, comme le montre la figure 6-12.

Le pénétrant coloré, le produit de nettoyage et le révélateur sont disponibles sous forme de bombes aérosols, ce qui les rend facile d'emploi. Certains solvants utilisés pour le nettoyage et comme révélateurs contiennent de forts taux de chlore afin de les rendre ininflammables. Le chlore est connu pour ses effets nocifs sur la santé. Les solvants et les révélateurs contenant du chlore doivent être manipulés avec beaucoup de précaution. Les solvants et les révélateurs récents ne contiennent pas de chlore.

La capacité de pénétration des liquides pénétrants dépend des matériaux contrôlés. L'activité du pénétrant est fonction de la température. Par souci d'efficacité, il est important d'attendre suffisamment longtemps avant d'effectuer l'examen. Ce temps varie de 3 à 60 minutes. À température ambiante, le temps habituellement recommandé varie entre 3 et 10 minutes.

6.6 Contrôle par ultrasons (US)

Le *contrôle par ultrasons* est une méthode d'essai non destructif qui permet de localiser et de dimensionner les discontinuités (défauts) à l'aide d'ondes acoustiques. Il peut être utilisé sur pratiquement tout type de matériau. Les ondes acoustiques traversent le matériau. Le contrôle par ultrasons utilise des ondes acoustiques à haute fréquence, supérieure à un million de hertz (MHz). Un *hertz* représente un cycle par seconde.

Un dispositif électronique appelé *transducteur* est placé sur la pièce à contrôler. Les ondes ultrasonores sont envoyées dans le matériau au moyen du transducteur. Les ondes ultrasonores ne se déplacent pas dans l'air. Pour cette raison, un très bon contact doit être réalisé entre le transducteur et la surface de la pièce. Pour obtenir ce contact, on emploie un *produit de couplage*, comme de l'eau, de l'huile ou de la glycérine.

Les ondes ultrasonores sont émises vers la pièce pendant de très courtes périodes de temps comprises entre un et trois millionièmes de seconde (1 à 3 microsecondes). Lorsque les ondes ultrasonores sont envoyées dans la pièce, elles sont reflétées aux limites des surfaces rencontrées, ou par les défauts, du fait des variations de densité. Le transducteur reçoit ensuite les ondes réfléchies. Très souvent, le transducteur est utilisé à la fois pour l'émission et pour la réception. Un second transducteur, calé sur la même fréquence, peut être utilisé. Après avoir envoyé et reçu un train d'ondes, un autre train d'ondes est émis pendant un temps de 1 à 3 microsecondes. Ce processus est renouvelé environ 500 000 fois par seconde. Lors du contrôle, l'opérateur déplace le transducteur à la surface de la pièce.

Chacun des signaux correspondant aux ondes réfléchies est amplifié et affiché sur un écran (figure 6-13). L'affichage est étalonné de façon à indiquer la distance entre le transducteur situé à la surface de la pièce à

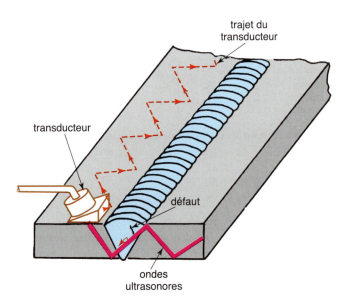
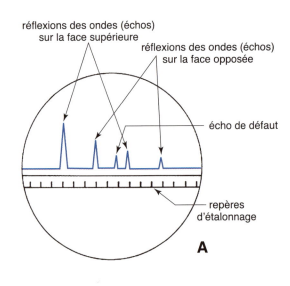

Figure 6-13. Schéma illustrant le déplacement du dispositif de contrôle par ultrasons et le trajet des ondes ultrasonores dans la pièce à contrôler. Les réflexions sonores sur les faces supérieure et inférieure de la pièce correspondent aux points d'étalonnage de l'oscilloscope comme le montre le détail A. Toute réflexion ne correspondant ni à la face supérieure ni à la face inférieure indique la présence d'un défaut. L'emplacement de ce défaut est déterminé à l'aide de la distance à l'écho de surface visible sur l'oscilloscope.

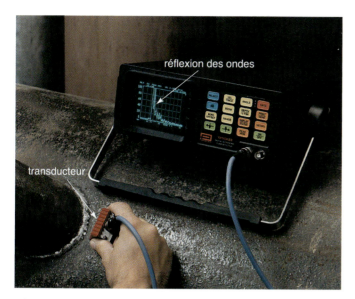

Figure 6-14. Transducteur d'angle avec son dispositif de commande et d'affichage utilisé pour le contrôle d'une soudure sur tube.

6.7 Contrôle par courants de Foucault

Le *contrôle par courants de Foucault* utilise une bobine alimentée en courant alternatif pour créer des courants de Foucault dans la pièce à contrôler. La bobine alimentée en courant alternatif produit un champ magnétique dans la pièce. Ce champ magnétique induit un courant alternatif dans la pièce. Ce courant alternatif circule suivant un trajet en boucle fermée. Ces courants induits sont connus sous le nom de *courants de Foucault*.

Pour réaliser un contrôle par courants de Foucault, une bobine alimentée en courant alternatif est placée sur la pièce à contrôler. La bobine est étalonnée ou réglée afin d'obtenir une valeur d'impédance connue. L'*impédance* est la résistance opposée à la circulation du courant alternatif. La valeur de réglage de l'impédance peut être visualisée sur un oscilloscope.

Le contrôle par courants de Foucault ne détecte que les défauts situés près de la surface de la pièce. La profondeur de détection est fonction de la fréquence du courant alternatif. En utilisant les fréquences habituelles, la profondeur de contrôle, pour les métaux courants, ne dépassera pas 3 mm. Les courants de Foucault peuvent être utilisés pour contrôler aussi bien les pièces planes que les pièces de formes courbes telles que les tubes. Les courants de Foucault sont utilisés pour détecter les soufflures et les fissures ainsi que pour contrôler la qualité d'un traitement thermique.

contrôler et la face opposée de cette même pièce. Des échos multiples correspondant aux faces supérieure et inférieure peuvent être affichés. Une fois l'affichage étalonné, toute réflexion supplémentaire indique la présence d'un défaut. L'emplacement de ce défaut est déterminé par sa distance de la face supérieure ou inférieure de la pièce. Le matériel doit être étalonné pour chaque épaisseur et chaque type de matériau contrôlés. Afin d'obtenir des résultats significatifs, les opérateurs doivent être formés (figure 6-14).

Le matériel utilisé en contrôle par ultrasons est léger et portable. Le contrôle par ultrasons peut être facilement mis en œuvre sur le site de production.

Les avantages du contrôle par ultrasons sont les suivants :
- Il est rapide.
- Il donne des résultats immédiats.
- Il est utilisable sur la plupart des matériaux.
- Il n'est pas nécessaire d'avoir accès aux deux côtés de la pièce.

Les inconvénients du contrôle par ultrasons sont les suivants :
- Un produit de couplage est exigé.
- Les défauts parallèles aux ondes ultrasonores sont difficiles à déceler.
- L'opérateur doit suivre une formation pour interpréter l'affichage de manière précise.
- Le matériel doit être étalonné de façon régulière.

6.8 Contrôle par radiographie (rayons X)

Les soudures peuvent être contrôlées pour la détection de défauts internes au moyen du *contrôle par rayons X*. Les rayons X sont des ondes dont l'énergie est telle qu'elles traversent la plupart des matériaux et en restituent une image sur un film. Les figures 6-15 et 6-16 illustrent le principe du contrôle par rayons X.

Figure 6-16. Radiographie d'une soudure sur tôle d'acier de 38 mm d'épaisseur. Remarquez, sur la gauche de la radiographie, la présence d'une fissure sous-jacente.

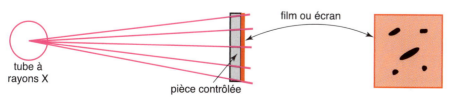

Figure 6-15. Schéma d'un dispositif de radiographie de soudure.

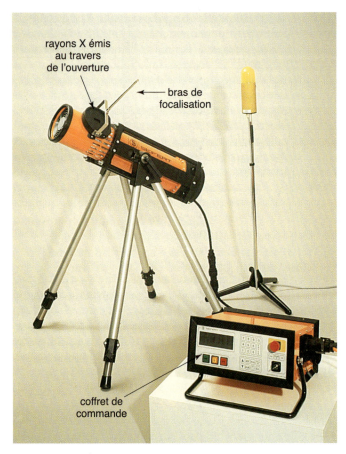

Figure 6-17. *Équipement de contrôle portable par radiographie. Le dispositif d'émission est disposé sur son support et le coffret de commande se trouve sur le sol, à droite sur la photo.*

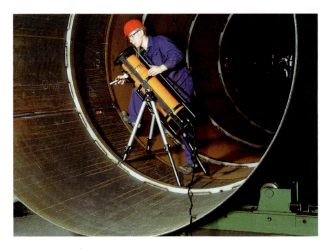

Figure 6-18. *Équipement de contrôle portable pour le contrôle radiographique des soudures sur tube.*

Les rayons X sont obtenus à l'aide d'un générateur de rayons X. La figure 6-17 montre un générateur de rayons X portable. Les rayons X sont également émis de façon naturelle par les isotopes radioactifs. Certains de ces isotopes radioactifs peuvent être utilisés pour le contrôle des pièces mais leur emploi est très dangereux.

Une radiographie constitue un enregistrement permanent du contrôle des soudures réalisées sur des sites de fabrication ou des constructions critiques. Les centrales nucléaires, les pipelines, les navires, les sous-marins et les avions constituent des exemples de cas où on exige des enregistrements. La figure 6-18 montre un équipement de contrôle par rayons X prêt à l'emploi.

L'énergie à mettre en œuvre pour le contrôle par rayons X varie de façon considérable en fonction du matériau et de l'épaisseur. Une augmentation d'épaisseur entraîne une augmentation de l'énergie et du temps de radiographie. Des assemblages de forme complexe, difficiles d'accès ou loin de la zone contrôlée ont également une incidence sur l'énergie requise.

L'examen d'une radiographie révèle l'emplacement des défauts (figure 6-16). Cependant, la profondeur à laquelle le défaut se situe ne peut pas être déterminée par un contrôle par rayons X effectué suivant une seule direction. Lorsqu'un défaut est décelé, une seconde radiographie prise suivant un angle différent aide à déterminer la profondeur du défaut.

6.9 Contrôle des soudures par essai de mise en pression pneumatique ou hydrostatique

Une méthode courante de contrôle des soudures des appareils sous pression (récipients et canalisations) consiste à utiliser une pression d'air ou de gaz. Le dioxyde de carbone convient parfaitement pour ce type d'essai. Il ne crée pas de risque d'explosion lorsqu'il est en contact avec de l'huile ou de la graisse. Une faible pression de 170 à 700 kPa (25 à 100 psi) est appliquée au récipient ou à la canalisation et de l'eau savonneuse est appliquée sur la face extérieure de chacune des soudures. Une fuite se traduira par la formation de bulles. L'aptitude d'un récipient à résister à la pression est l'indice de la qualité des soudures qui le constituent. Un récipient à contrôler peut être mis en pression et la valeur de pression atteinte, lue sur un manomètre. La vanne de mise en pression est ensuite fermée et l'indication du manomètre est relevée au bout de 24 heures. Toute chute de pression traduit la présence d'une fuite. Cet essai est facile à réaliser. Il est également sans danger dans la mesure où les pressions utilisées sont inférieures à 700 kPa (100 psi).

Un autre essai appliqué aux appareils sous pression consiste à appliquer une solution de chaux. Après séchage, la surface est recouverte d'une pellicule de couleur blanche et le récipient est mis en pression. La présence de défauts est révélée par un écaillage de la couche de chaux. La mise en pression hydrostatique, avec de l'eau comme fluide, est le moyen le plus facilement utilisé. Cet essai peut également être utilisé pour révéler la zone la plus faible d'un récipient soudé si la pression est suffisamment élevée pour amener la destruction du récipient. Des jauges de déformation qui permettent de mesurer les microdéformations de la paroi peuvent être utilisées lors de cet essai pour surveiller le comportement des soudures.

La recherche des fuites dans les récipients est très fréquemment effectuée à l'aide d'eau. Cependant, l'eau ne constitue pas le moyen le plus efficace pour la recherche des très petites fuites. Les appareils sous pression peuvent être remplis avec du chlore, du fluor, de l'hélium ou tout autre gaz non oxygéné. Ces gaz peuvent passer au travers de très petites ouvertures. Le capteur d'un spectromètre de masse disposé au voisinage des présumées fuites peut détecter une fuite d'une partie par million (1 ppm). **Il faut appliquer toutes les mesures de sécurité adéquates lors de l'utilisation de chlore.**

6.10 Essai de pliage

L'*essai de pliage* ou essai de flexion représente une méthode très courante d'essai destructif des soudures qui n'exige pas de matériel sophistiqué. La méthode d'essai est rapide et révèle les défauts de soudure de façon précise.

Les essais de pliage les plus courants sont les suivants :

- Essai de pliage endroit et envers avec guidage
- Essai de pliage latéral
- Essai de pliage libre
- Essai de pliage sur soudure d'angle

Ces essais permettent :

- De déterminer l'état physique des soudures et ainsi de valider la qualification du mode opératoire.
- De qualifier les soudeurs.

L'essai de pliage avec guidage exige qu'une éprouvette (échantillon) soit prélevée dans un assemblage d'essai soudé. Avant le pliage, les bords de l'éprouvette sont arrondis à la lime et meulés selon un rayon de faible valeur. Ce rayon évite la fissuration des bords. L'éprouvette est pliée de telle manière que la soudure et la zone thermiquement affectée se situent au milieu de la zone de pliage, comme illustré aux figures 6-19, 6-20 et 6-21.

La plupart des essais de pliage sont effectués avec la soudure orientée transversalement par rapport à l'éprouvette de pliage. Ce type d'essai est appelé *essai de pliage transversal* (figure 6-19). Si la face de la soudure est située à l'extérieur du pliage, l'essai est appelé *essai de pliage endroit*. Si la racine de la soudure est placée à l'extérieur du pliage, l'essai est appelé *essai de pliage envers*. Lors du soudage de tôles très épaisses, les essais de pliage endroit ou envers ne sont pas réalisables. Dans ces conditions, on effectue un essai de pliage latéral (figure 6-20).

Les essais de pliage peuvent également être pratiqués sur des éprouvettes dans lesquelles le cordon de soudure est orienté longitudinalement par rapport à l'éprouvette.

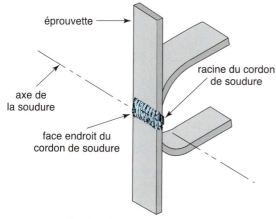

A – Essai de pliage transversal endroit
La face du cordon est située à l'extérieur du pliage.

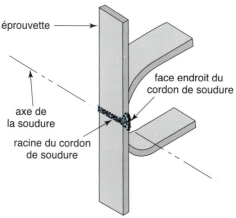

B – Essai de pliage transversal envers
La racine du cordon est située à l'extérieur du pliage.

Figure 6-19. *Essais de pliage endroit et envers. L'éprouvette est prélevée perpendiculairement au cordon de soudure.*

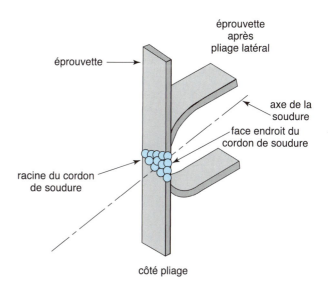

Figure 6-20. *Dans le cas où un essai de pliage endroit ne peut pas être réalisé sur des soudures épaisses, un essai de pliage latéral est réalisé sur une éprouvette prélevée suivant une section droite de la soudure. L'éprouvette est usinée selon une épaisseur constante.*

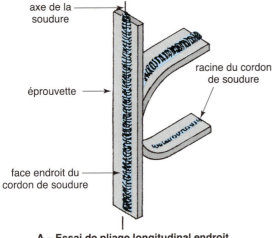

A – Essai de pliage longitudinal endroit
La face du cordon est située à l'extérieur du pliage.

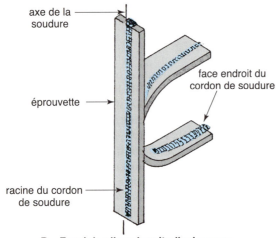

B – Essai de pliage longitudinal envers
La racine du cordon est située à l'extérieur du pliage.

Figure 6-21. Essais de pliage longitudinal endroit et envers. L'éprouvette de pliage est prélevée longitudinalement par rapport au cordon de soudure.

Ce type d'essai est qualifié d'*essai de pliage longitudinal endroit ou envers*. La figure 6-21 montre des éprouvettes de pliage longitudinal. Le rayon de pliage intérieur est souvent spécifié. Plus l'épaisseur des éprouvettes augmente, plus le rayon de pliage augmente.

Après le pliage, chaque éprouvette est examinée pour la recherche de défauts. Une éprouvette présentant un bon comportement au pliage ne présente aucune trace de fissuration. De toutes petites fissures peuvent cependant apparaître même sur une éprouvette ayant un très bon comportement au pliage. Chacune de ces petites fissures est examinée pour s'assurer qu'elles ne proviennent pas d'un défaut de soudage.

Une soudure de mauvaise qualité montrera de grandes fissures après le pliage. Ces fissures proviennent de défauts tels que des inclusions de laitier, des manques de pénétration, et des manques de fusion. Certaines

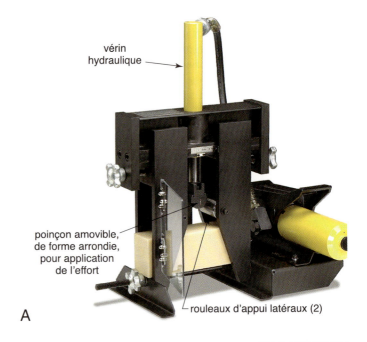

A

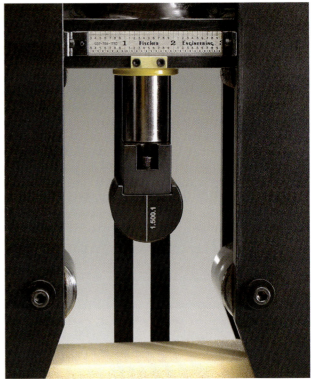

B

Figure 6-22. Dispositif pour essai de pliage. A – Dispositif pour essai de pliage de faible encombrement. B – Deux rouleaux latéraux permettent à l'éprouvette de se déplacer vers le bas de façon régulière sous la pression exercée par le poinçon central.

soudures de très mauvaise qualité provoqueront une rupture en deux parties de l'éprouvette de pliage au lieu d'un pliage en U sans rupture. Le faciès de rupture peut être examiné afin de déterminer les causes de la rupture.

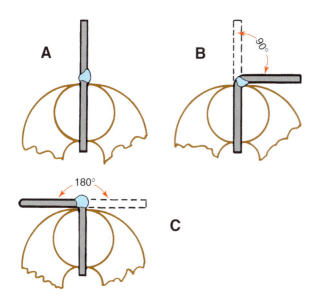

Figure 6-23. Essai de pliage sur assemblage soudé tenu dans un étau. A – Éprouvette avant pliage. B – Éprouvette après pliage à 90° (remarquez que la soudure est refermée sur elle-même afin de vérifier l'état de la pénétration). C – Éprouvette après pliage inverse à 180°.

Un autre essai de pliage utilisé consiste à pratiquer un *essai de pliage libre*. Lors de cet essai, un échantillon soudé est placé dans un étau ou dans un montage de bridage et une partie de l'échantillon est pliée à un angle d'environ 90° (figure 6-23). Cet essai révèle la plupart des défauts. Il n'est pas aussi bien maîtrisé que l'essai de pliage avec guidage mais il donne des indications sur la ductilité et la résistance de la soudure et du métal de base au voisinage de la soudure.

Attention : Un écran ou un rideau de protection doivent être disposés autour de l'étau lors des essais de pliage libre. Ceci est destiné à protéger le personnel proche des projections de pièces métalliques en cas de rupture de la soudure.

Un *essai de pliage sur soudure d'angle* exige la réalisation d'un cordon d'un seul côté d'un assemblage en T. La tôle verticale est ensuite pliée suivant le cordon de soudure jusqu'à la rupture de ce dernier ou jusqu'à ce qu'elle soit totalement rabattue sur la tôle horizontale. La figure 6-24 illustre un essai de pliage sur soudure d'angle. La soudure d'angle ne doit présenter que très peu, voire aucune indication de défauts.

6.11 Essai de traction

L'*essai de traction* est un test dans lequel une éprouvette préalablement usinée est placée dans une machine et soumise à la traction jusqu'à sa rupture. Cet essai permet de déterminer plusieurs caractéristiques de l'éprouvette. Les valeurs correspondantes sont utilisées pour déterminer le comportement d'une soudure en service. Une construction soudée doit pouvoir supporter tous les efforts auxquels elle est soumise. L'essai de traction permet de déterminer quel effort de traction ou charge de rupture une éprouvette est capable de supporter avant de se rompre.

Pour réaliser cet essai, une éprouvette est prélevée dans un assemblage soudé. Elle est ensuite préparée afin de créer une section réduite dans laquelle se situe la soudure. L'éprouvette casse toujours dans la section réduite qui est la zone de plus faible résistance. Pour cette raison, l'essai fournit des indications utiles sur la soudure.

Les trois valeurs suivantes sont obtenues lors d'un essai de traction :
- La résistance à la traction
- La limite d'élasticité
- L'allongement (ductilité)

La résistance à la rupture équivaut à la valeur de la contrainte, en kiloPascals (kPa) ou en psi, nécessaire pour obtenir la rupture de l'éprouvette. Cette valeur est obtenue en mesurant la largeur et l'épaisseur de l'éprouvette avant le début de l'essai. Le produit de la largeur sur l'épaisseur donne l'aire de la section droite de l'éprouvette. L'aire de la section droite d'une éprouvette cylindrique est π fois le carré du diamètre, le tout divisé par 4 (c'est-à-dire : $\pi D^2/4$). Au cours de l'essai, l'effort maximal appliqué à l'éprouvette est enregistré. On obtient la résistance à la traction en divisant l'effort de traction maximal par l'aire de la section droite de l'éprouvette conformément à la formule suivante :

$$\text{résistance à la traction} = \frac{\text{charge maximale de traction}}{\text{aire de la section droite}}$$

À titre d'exemple, prenons les valeurs suivantes :
Épaisseur = 1/4" (6,4 mm)
Largeur = 3/4" (19,1 mm)
Supposons un effort de traction égal à 11 250 lb (environ 50 000 N). On aura par conséquent :

$$\text{résistance à la traction} = \frac{50\,000 \text{ N}}{6{,}4 \text{ mm} \times 19{,}4 \text{ mm}} = 409 \text{ N/mm}^2$$

La *limite d'élasticité* d'un métal est la *contrainte* qu'il peut supporter sans présenter de déformation résiduelle après suppression de l'effort. Lorsqu'un effort plus élevé est appliqué, le matériau dépasse sa limite d'élasticité. Une déformation plastique se produit alors et le matériau ne retrouve ni sa forme ni sa condition d'origine. La limite d'élasticité correspond au point où l'éprouvette s'étire

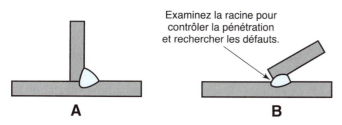

Figure 6-24. Essai de pliage sur soudure d'angle. A – Éprouvette avant pliage. B – Éprouvette pliée à bloc dans une direction. Après pliage, examinez la racine pour contrôler la pénétration et rechercher les défauts.

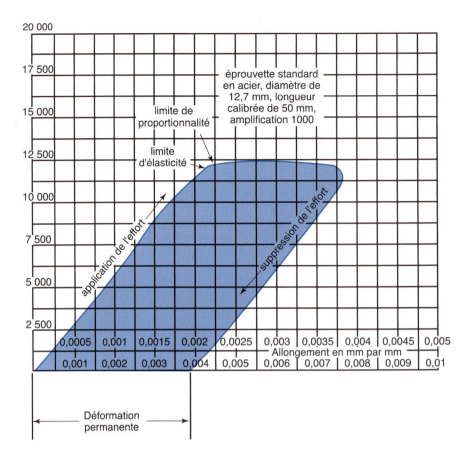

Figure 6-25. Diagramme obtenu lors d'un essai de traction sur une éprouvette métallique indiquant la limite d'élasticité et la déformation permanente de l'acier après suppression de l'effort.

plastiquement sans toutefois se casser. La figure 6-25 fournit un graphique correspondant à un effort de traction appliqué à une éprouvette. La limite d'élasticité et une grandeur importante. Il ne faut pas solliciter le métal au niveau où il va s'étirer plastiquement et ne pas revenir à son état d'origine. Les constructions métalliques sont suffisamment résistantes pour que la limite d'élasticité ne soit jamais atteinte.

Des machines d'essai ont été mises au point pour déterminer la résistance à la traction et la limite d'élasticité. La figure 6-26 illustre une machine d'essai de traction. Des machines de plus petite taille et des machines portatives sont utilisées, mais la taille des éprouvettes est alors limitée.

Un essai de traction permet également de déterminer la ductilité de l'éprouvette. L'*allongement à la rupture* (ductilité) est la quantité dont s'allonge l'éprouvette avant la rupture. La figure 6-27 indique la résistance à la rupture et l'allongement à la rupture de quelques métaux courants.

Pour mesurer l'allongement à la rupture, deux points ou deux lignes sont marqués sur l'éprouvette. La distance entre les deux points est notée avant le début de l'essai.

Figure 6-26. Machine d'essai de traction avec son dispositif de commande et un ordinateur pour l'enregistrement des résultats.

Métal	Résistance à la traction à l'état recuit		Résistance à la traction à l'état traité thermiquement ou à l'état trempé		Allongement (%)
	psi	MPa	psi	MPa	
Acier à faible teneur en carbone	55 000	379	—	—	25
Acier à moyenne teneur en carbone	76 000	524	—	—	18
Acier inoxydable	75 000	517	90 000	621	—
Acier Cr-Mo	—	—	128 000	886	17
Acier à haute résistance	—	—	262 000	1806	4,5
Alliage d'aluminium 2017 (Duralumin)	26 000	179	62 000	427	22
Alliage d'aluminium 6061	18 000	124	45 000	310	17
Bronze du commerce	38 000	262	45 000	310	25 à 45

Figure 6-27. Résistance à la rupture et valeurs d'allongement à la rupture pour différents métaux.

Après essai et rupture de l'éprouvette, les deux parties de l'éprouvette sont réajustées et la distance entre les deux points est mesurée à nouveau. La formule suivante permet de calculer l'allongement à la rupture :

$$\text{allongement} = \frac{L_f - L_i}{L_i} \times 100$$

À titre d'exemple, prenons une longueur initiale entre les deux points égale à 50 mm. Après essai, la longueur finale est égale à 57 mm. On a par conséquent :

$$\text{allongement} = \frac{57 - 50}{50} \times 100 = 14,0 \%$$

6.12 Essai de laboratoire sur joints soudés

La plupart des grandes sociétés qui utilisent le soudage disposent de laboratoires qui permettent de déterminer la résistance des joints soudés. Ces laboratoires sont dotés de moyens d'essai modernes. Ces équipements permettent de déterminer les propriétés physiques et chimiques des soudures ou des matériaux de base. Les essais sont parfois réalisés par le service de métallurgie. Dans certains cas, une partie de l'atelier est réservée aux essais.

Certains des essais réalisés sont destinés à la détermination ou à l'étude des caractéristiques suivantes :
- Résistance à la flexion par choc (résilience)
- Dureté
- Microstructure
- Macrostructure
- Composition chimique

Ces essais sont généralement complémentaires aux essais de pliage et de traction mentionnés aux sections 6.10 et 6.11.

Les conditions des essais auxquels les éprouvettes sont soumises sont maintenues constantes. Les éprouvettes sont toutes de mêmes dimensions, conformément à la spécification ou au code de soudage utilisé. La longueur des éprouvettes peut varier mais la section droite des éprouvettes doit rester constante. Les éprouvettes doivent être prélevées à des emplacements spécifiés du joint soudé soumis aux essais.

Il existe différentes normes nationales, régionales et internationales concernant les essais de laboratoire sur joints soudés. Ces normes spécifient les propriétés physiques du métal de base et des joints soudés qui doivent être respectées. Elles spécifient également les dimensions et les emplacements des différentes éprouvettes d'essai. La figure 6-28 illustre quelques-unes de ces éprouvettes.

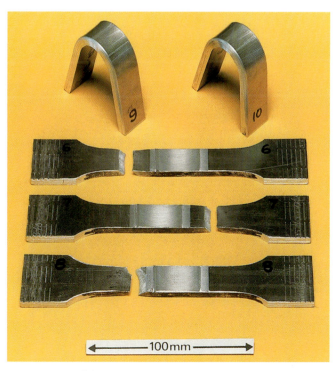

Figure 6-28. Éprouvettes d'essais de flexion et d'essais de traction. Remarquez que toutes les éprouvettes d'essai de traction se sont rompues en dehors de la soudure.

Il est nécessaire de spécifier les dimensions et l'emplacement des éprouvettes métalliques afin de comparer les résultats. Les résultats d'essai sur soudures finies et sur métal de base peuvent être utilisés pour comparer entre eux des joints soudés, des soudeurs et des modes opératoires de soudage. La normalisation des essais rend possible la construction de machines d'essai standard.

6.13 Essai de flexion par choc

Une soudure peut très bien présenter de bonnes caractéristiques lors de plusieurs essais mais être défaillante dans le cas où elle est soumise à un effort appliqué à grande vitesse (choc ou impact). L'*essai de flexion par choc* (essai de résilience) est généralement réalisé suivant la méthode Charpy. La méthode Izod a été aussi utilisée. Les méthodes sont similaires mais la forme et la position de l'entaille dans l'éprouvette sont différentes. Les éprouvettes sont prélevées dans la zone fondue, dans la zone thermiquement affectée (ZAT) et dans le métal de base.

On entaille une éprouvette puis on la fixe dans une machine d'essai de flexion par choc (mouton-pendule). Un lourd pendule est levé jusqu'à une certaine hauteur puis, une fois libéré, il vient frapper l'éprouvette entaillée (figure 6-29).

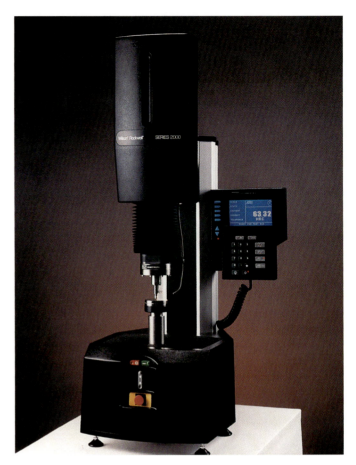

Figure 6-30. *Machine type de laboratoire pour essai de dureté Rockwell avec dispositif de lecture numérique.*

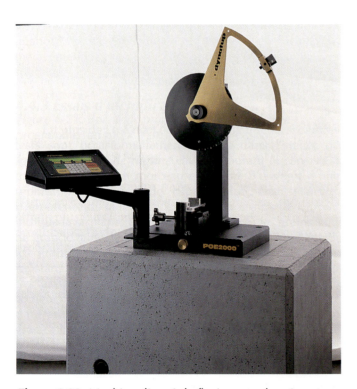

Figure 6-29. *Machine d'essai de flexion par choc (mouton pendule). Le pendule est placé à une hauteur spécifiée et lâché sur l'éprouvette soudée soumise à l'essai. L'effort (ou l'énergie) à l'impact est enregistrée sur l'appareil électronique visible à gauche.*

L'aiguille de la machine d'essai indique l'effort appliqué pour casser ou fissurer l'éprouvette. Cet essai détermine la résistance à la flexion par choc de l'éprouvette soudée. Plus l'effort (ou l'énergie correspondante) est grand, plus la résilience de l'éprouvette est élevée. Un effort (ou une énergie) plus faible traduit l'inaptitude de l'éprouvette à bien résister à un choc.

6.14 Essai de dureté

La dureté représente un autre paramètre important à déterminer lors des essais. La *dureté* peut être définie comme étant la résistance opposée à la création d'une empreinte (indentation) permanente.

Les méthodes de détermination de la dureté sont normalisées. La méthode la plus répandue est la méthode Rockwell. La figure 6-30 illustre une machine de dureté Rockwell, qui fonctionne un peu comme une presse. L'essai consiste à appliquer à la pièce des efforts fournis à l'aide de masses de valeurs données agissant par l'intermédiaire de leviers (figure 6-31). On aligne la pièce avec un pénétrateur auquel on applique deux charges successives.

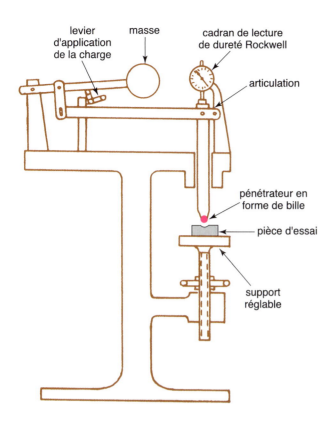

Figure 6-31. Schéma montrant comment, dans le cas d'une machine d'essai Rockwell, la charge est appliquée à la surface de la pièce par le pénétrateur à l'aide d'un levier.

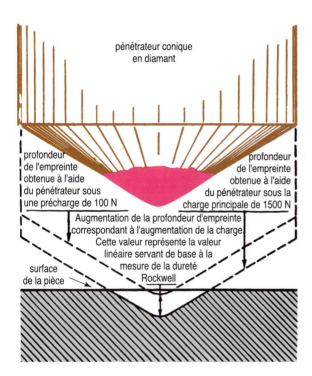

Figure 6-32. Schéma du pénétrateur en diamant utilisé dans les machines de mesure de dureté Rockwell. Remarquez l'écart de profondeur des empreintes laissées par le pénétrateur en diamant sous une charge de 100 N et de 1500 N.

Lors de l'application de la première charge (précharge) d'une valeur de 100 N, la machine est initialisée et l'indicateur est mis à zéro. La charge principale est ensuite appliquée. La profondeur à laquelle le pénétrateur s'enfonce dans la pièce entre la charge initiale et la charge principale indique la dureté sur une échelle graduée de 0 à 100. La profondeur de l'empreinte détermine la dureté du matériau. Les matériaux le plus durs présentent des empreintes plus faibles tandis que les matériaux les plus tendres présentent des empreintes plus marquées.

Il existe différentes échelles d'essai Rockwell. Les échelles les plus courantes sont Rockwell B et Rockwell C. L'*essai Rockwell B* utilise un pénétrateur sphérique de 1/16" (1,6 mm) et une charge principale de 1000 N. Il est utilisé sur des matériaux tels que les alliages cuivreux, les aciers doux et les alliages d'aluminium. L'*essai Rockwell C* utilise une pyramide en diamant taillée à 120° et une charge principale de 1500 N. Il est employé sur des matériaux plus durs tels que les aciers, les aciers trempés, les aciers moulés et le titane. La figure 6-32 illustre les empreintes correspondant à la précharge et à la charge principale.

Les essais de dureté sont généralement pratiqués en laboratoire à l'aide de machines statiques d'essai Brinell, Rockwell ou Shore. Il est souvent nécessaire, en atelier ou sur chantier, d'effectuer des mesures de dureté sur la soudure ou les zones voisines de la soudure (zone affectée thermiquement ou ZAT). Ces essais hors-laboratoire sont possibles en utilisant des appareils de mesure de dureté portables, précis et de petite taille. Les mesures obtenues à l'aide de ces appareils peuvent être facilement converties en échelles Rockwell, Brinell, Shore ou Leeb (figures 6-33 à 6-36).

L'essai *par rebondissement* (dureté Shore) représente un autre type d'essai de dureté. Une machine d'essai par rebondissement est illustrée à la figure 6-37. Cette machine repose sur le principe du rebond ou du choc d'un marteau muni d'une pointe en diamant à la surface de la pièce. Un marteau, muni d'une pointe en diamant, vient frapper la pièce. La distance à laquelle le marteau rebondit après le choc est lue sur une échelle graduée. Plus la valeur lue est élevée, plus grande est la dureté. Les aciers à forte teneur en carbone correspondent à une valeur d'environ 95.

Une troisième méthode d'essai de dureté consiste à utiliser une **machine d'essai Brinell**. Ce type de machine dispose d'un pénétrateur constitué d'une bille de 10 mm de diamètre intégrée dans le dispositif d'application de la charge, comme illustré à la figure 6-38. Le pénétrateur est appliqué sans choc sur la pièce pendant un temps donné. La charge est ensuite supprimée et le diamètre de l'empreinte est lu à l'aide d'un microscope. Le nombre de dureté Brinell est obtenu en divisant la valeur de la charge appliquée par l'aire de la surface de l'empreinte. Ce type d'essai peut être utilisé aussi bien sur des matériaux durs que sur des matériaux mous.

La figure 6-39 représente un tableau qui donne la correspondance entre les échelles Rockwell, Brinell et Shore.

Des dispositifs de mesure de microdureté ont été mis au point pour permettre de mesurer la dureté d'une pièce sans l'endommager. Ces dispositifs utilisent un pénétrateur en diamant de très petite taille. Les charges appliquées au pénétrateur peuvent varier de 0,25 à 490 N.

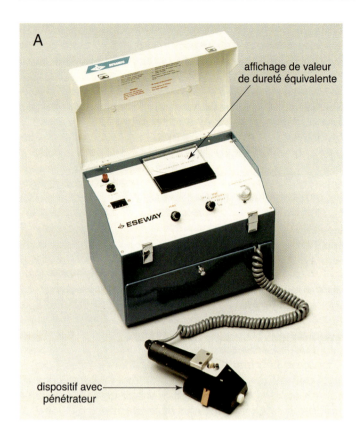

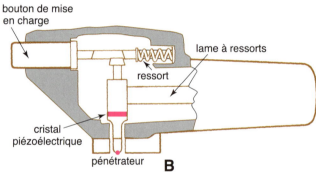

Figure 6-33. Dispositif alternatif de mesure de dureté. A – Affichage de valeur de dureté équivalente et dispositif avec pénétrateur. B – Schéma de la tête avec pénétrateur.

Figure 6-34. Matériel portatif léger de mesure de dureté équivalente.

Figure 6-35. Dispositif de poche utilisant la méthode de dureté avec rebond, de type Leeb.

Figure 6-36. Dispositif de mesure de dureté par contact monté sur un support maintenu en place par des électro-aimants. La charge de mesure est appliquée manuellement.

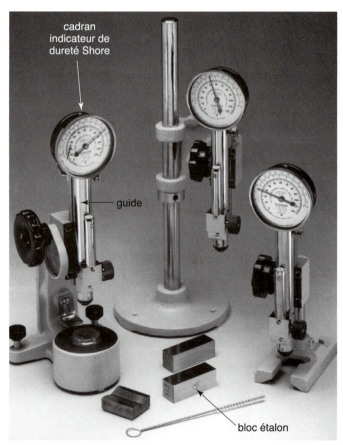

Figure 6-37. Dispositif de mesure de dureté Shore. La hauteur à laquelle le marteau rebondit après avoir frappé la pièce est lue sur le cadran à aiguille. La figure illustre trois montages différents.

Figure 6-38. Machine pneumatique d'essai de dureté Brinell.

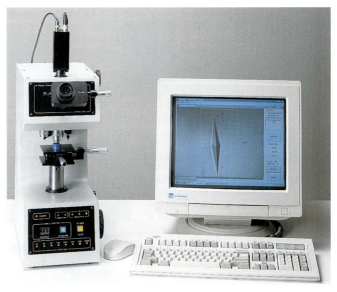

Figure 6-40. Machine d'essai de microdureté avec dispositif d'analyse d'image pour la mesure de l'empreinte à la surface du métal.

Rockwell C	Rockwell B	Brinell	Dureté Shore
69	—	755	98
60	—	631	84
50	—	497	68
40	—	380	53
30	—	288	41
24	100	245	34
20	97	224	31
10	89	179	25
0	79	143	21

Figure 6-39. Tableau comparatif des valeurs de dureté Rockwell, Brinell et Shore.

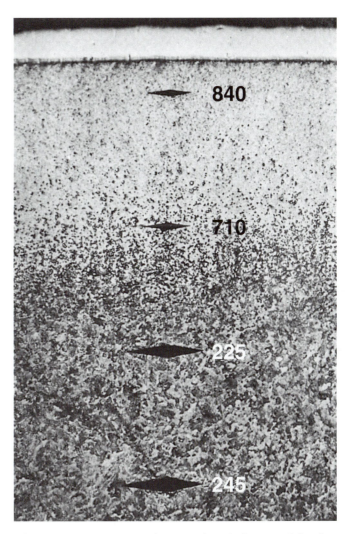

Figure 6-41. Empreintes de microdureté obtenues à l'aide d'un pénétrateur Knoop. La partie blanche au haut de la photo correspond à une couche de chrome.

Après avoir appliqué la charge, la dimension de l'empreinte est mesurée à l'aide d'un microscope à fort grossissement. Cette dimension correspond à la dureté de la surface soumise à l'essai. La surface étant marquée de façon microscopique, les essais peuvent être pratiqués régulièrement sur la surface des pièces. La figure 6-40 présente une machine d'essai de microdureté.

La longueur d'une empreinte de microdureté sur acier trempé sous une charge de 1,0 N mesure environ 0,04 mm et la profondeur de pénétration est d'environ 0,001 mm. La figure 6-41 montre une empreinte obtenue à l'aide d'un pénétrateur en diamant Knoop.

6.15 Examen microscopique des soudures

Un essai couramment pratiqué au laboratoire de métallurgie consiste à prélever un échantillon dans une soudure et à le polir jusqu'à l'obtention d'un fini miroir. Après le polissage, l'échantillon ne doit présenter aucune rayure en surface. L'échantillon est alors examiné au microscope sous un grossissement allant de 50 à 5000 fois. Le grossissement est habituellement compris entre 100 et 500.

L'aspect de la surface visible au microscope met en évidence des particularités telles que la teneur en impuretés, le traitement thermique et la taille des grains. Dans la plupart des aciers, l'examen microscopique peut mettre en évidence la teneur en carbone. La figure 6-42 montre un microscope utilisé pour l'examen d'échantillons métalliques.

Généralement, le métal examiné est attaqué à l'acide. Pour *attaquer* un échantillon poli, il convient de le frotter avec une solution faiblement acide. La solution généralement employée pour les aciers, le nital, est composée de 4 % d'acide nitrique et de 96 % d'alcool. L'acide est appliqué à la surface de l'échantillon pendant un certain temps, puis éliminé par rinçage. Le métal est alors examiné au microscope. Certains acides mettent en évidence des particularités telles que les joints de grains, les impuretés et les traces de laitier. Les manques de fusion et les fissures à chaud sont aisément visibles au microscope. Le fait de pouvoir prendre des photos représente un aspect important de l'examen microscopique. Les photographies sont prises à l'aide d'un appareil photo spécial fixé sur le microscope. En utilisant les photos obtenues sur chaque échantillon, il est possible de les comparer. Voir le chapitre 4 qui fournit des micrographies des matériaux métalliques usuels.

6.16 Examen macroscopique des soudures

Une micrographie de soudure ne couvre pas une surface suffisante pour permettre le contrôle de la totalité de la soudure. Les *macrographies* sont obtenues sous des grossissements de 10 à 40 et conviennent beaucoup mieux à cet effet. Lorsque l'échantillon est attaqué avec de l'acide nitrique chaud, la structure de la soudure est particulièrement bien mise en évidence. La figure 6-43 montre un dispositif d'examen macroscopique disposant d'un grossissements de 40. La structure cristallographique du métal n'est pas visible de façon très claire mais les fissures, les piqûres et les soufflures sont bien visibles, comme le montre la figure 6-44. Les inclusions de calamine sont facilement détectées par un tel examen, qui permet également d'apprécier la grosseur de grain. Un grain grossier révèle un mauvais traitement thermique pendant ou après soudage.

6.17 Méthode d'analyse chimique des soudures

L'étude complète d'un matériau soudé est effectuée en réalisant une *analyse chimique* complète. Ce type d'essai est réalisé dans un laboratoire de métallurgie. La plupart des fabricants ne disposent pas d'un tel laboratoire. L'analyse chimique peut être à la fois qualitative et quantitative. L'analyse *qualitative* détermine la nature des composants chimiques du matériau. L'analyse *quantitative* détermine la nature et la teneur de chaque composant du métal. Ce type d'analyse est forcément complexe et coûteux. Ces essais ne présentent pas d'intérêt direct pour le soudeur ou le fabricant utilisateur du soudage. Une analyse chimique est habituellement utilisée lorsqu'un soupçon pèse sur la composition chimique d'un important lot de métal. La soudabilité dépend en grande partie de la teneur en impuretés du métal de base. Généralement, le fournisseur du métal de base peut fournir des données complètes sur les caractéristiques physiques et chimiques.

6.18 Essai de déboutonnage

Les assemblages à recouvrement soudés par points peuvent être soumis à un essai destructif par *déboutonnage*. L'essai de déboutonnage est fréquemment utilisé pour vérifier la résistance des assemblages soudés par points. Les paramètres de soudage sont réglés aux valeurs recommandées avant la réalisation d'une pièce d'essai comportant plusieurs points.

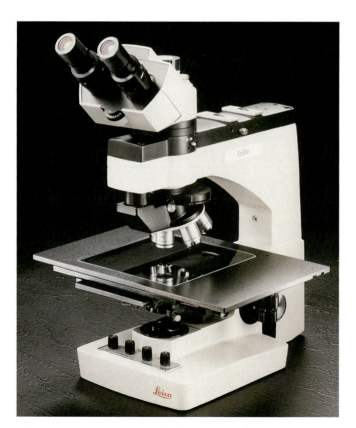

Figure 6-42. Microscope de laboratoire utilisé pour l'examen des échantillons métalliques polis. Ce microscope dispose de quatre jeux de lentilles de puissances différentes montés sur une tourelle.

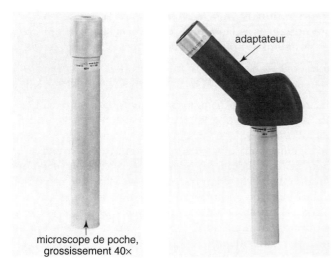

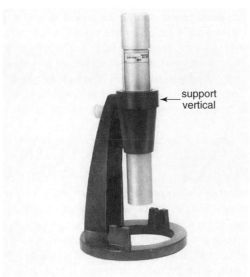

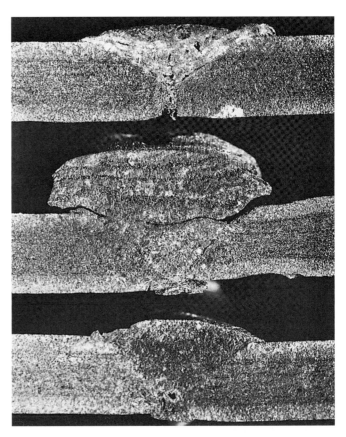

Figure 6-44. Macrographie de soudures ayant subi une attaque métallographique. Ces coupes permettent d'apprécier la qualité de la soudure plus facilement qu'à l'œil nu.

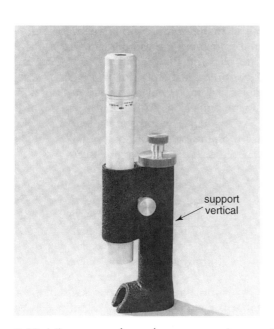

Figure 6-43. Microscope de poche avec grossissement de 40 (en haut). Les trois photos suivantes montrent différents adaptateurs montés sur le microscope.

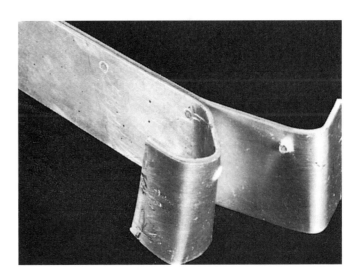

Figure 6-45. Essai de déboutonnage. Ce type d'essai permet de déterminer la dimension et la résistance des points ainsi que les réglages adéquats de la machine pour un assemblage donné.

Les pièces d'essai sont ensuite déboutonnées (figure 6-45). Dans le cas où le noyau du point de soudure présente un diamètre correct et qu'il reste entier lors du déboutonnage, on considère le point de soudure conforme.

Tous les paramètres de la machine sont considérés adéquats lorsque l'essai de déboutonnage donne un résultat satisfaisant. Les points de soudure peuvent également faire l'objet d'un contrôle non destructif.

6.19 Règles de sécurité

Les examens, contrôles et essais des soudures exigent des précautions relatives à certains éléments de sécurité. Les débris projetés lors de la rupture d'une soudure représentent un danger. **L'opérateur doit porter un écran facial et ne doit pas se tenir sur la trajectoire présumée d'une pièce lors de l'essai.**

Il convient d'éviter de s'exposer aux rayonnements provenant des machines à rayons X utilisées pour le contrôle des pièces métalliques. **On doit prévenir les personnes de l'exécution en cours d'un contrôle par rayons X à l'aide de panneaux de signalisation adéquats. Une protection efficace doit également être utilisée par l'opérateur afin de réduire au minimum l'exposition aux rayons X.**

Testez vos connaissances

1. Qu'est-ce qu'une discontinuité/un défaut?
2. Quand une discontinuité/un défaut deviennent-ils un défaut inacceptable?
3. Que signifient END et CND?
4. Indiquez neuf types de CND.
5. Quelles sont les méthodes CND les plus répandues?
6. Quel équipement peut-on utiliser pour l'examen visuel des soudures à l'intérieur d'un tube ou d'une canalisation de faible diamètre?
7. Lors de l'exécution d'un contrôle par magnétoscopie, l'essai doit être effectué deux fois. Au cours du second essai, la bobine ou les touches doivent être orientées à ____° par rapport à la direction qu'elles présentaient lors du premier essai.
8. Quelles sont les différentes étapes d'un contrôle par ressuage?
9. Citez deux types d'essais CND qui ne nécessitent pas ou très peu de matériel et qui sont utilisés dans les petits ateliers.
10. En contrôle par ultrasons, qu'est-ce qu'un produit de couplage et quel est son rôle?
11. Des enregistrements permanents sont souvent exigés pour les soudures critiques. Citez trois exemples d'applications ou de produits industriels pour lesquels des enregistrements permanents sont exigés.
12. Quelle méthode permet de détecter des fuites aussi faibles que 1 ppm (1 partie par million)?
13. Les essais Charpy sont des essais de _____.
14. Citez trois essais de laboratoire qui ne sont généralement pas pratiqués dans les petits ateliers ou les petites entreprises.
15. Quel essai est exécuté pour vérifier l'allongement et la limite d'élasticité d'un matériau métallique?
16. Le point à partir duquel un métal s'allonge sans casser sous une charge ou une contrainte donnée et ne retourne pas à sa longueur d'origine lorsque la charge est supprimée s'appelle _____.
17. La ductilité est la capacité d'un métal à _____ avant rupture.
18. Citez trois essais utilisés pour mesurer la dureté.
19. Quel type d'essai de dureté endommage au minimum la surface de la pièce?
20. Les _____ graphies représentent des images obtenues sous un grossissement de 10 à 40.

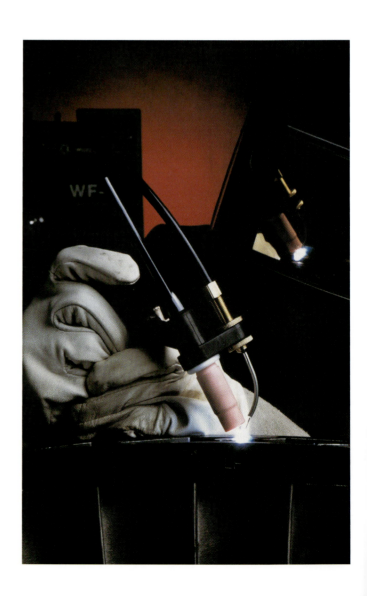

Chapitre 7
Données techniques

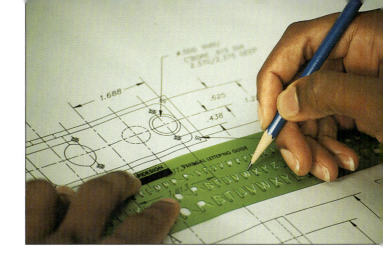

Objectifs pédagogiques

Après l'étude de ce chapitre, vous pourrez :
* Calculer ou déterminer à partir des graphiques et des tableaux fournis les pressions, dimensions et spécifications requises pour compléter un travail dans un atelier de soudage.
* Déterminer le diamètre d'avant-trou et le foret d'implantation à utiliser pour tarauder un filetage particulier.
* Utiliser et effectuer des conversions entre des unités du système métrique (SI) et celles du système impérial.
* Énumérer vingt risques pour la santé présents dans un atelier de soudage.

Ce chapitre traite de compréhension technique et comprend plusieurs tables de référence. Il regroupe les sujets suivants :
* L'effet du diamètre et de la longueur d'un tuyau flexible sur le débit de gaz et sa pression
* Les températures de différentes flammes alimentées à l'oxygaz
* Les aspects chimiques du soudage
* La composition chimique de solutions de décapage et d'attaque
* Les propriétés de divers métaux
* Les différents calibres d'épaisseur de tôles
* L'évaluation de la température de l'acier doux par sa couleur
* Les tailles de forets et de tarauds
* Les pratiques et conversions du système métrique utilisées en soudage
* La distinction entre les termes température et chaleur

7.1 Effet de la température sur la pression à l'intérieur d'une bouteille ou d'un réservoir

La pression à l'intérieur d'une bouteille ou d'un réservoir varie lorsque la température extérieure change. Un gaz emprisonné dans un espace confiné, comme dans une bouteille, ne peut pas se dilater. La pression d'un gaz qui est chauffé augmente donc à l'intérieur du contenant. De même, la pression du gaz décroît si la température du contenant diminue.

La figure 7-1 fait référence à une bouteille de 6,91 m^3 (244 pi^3) remplie à 15 168 kPa (2200 psi) à 21 °C (70 °F) pour illustrer comment une variation de la température affecte la pression.

Température de l'oxygène		Lecture au manomètre	
°F	°C	psi	kPa
100	37,8	2325	16 030
90	32,2	2283	15 741
80	26,7	2242	15 458
70	21,1	2200	15 168
60	15,6	2158	14 879
50	10,0	2117	14 596
40	4,4	2075	14 307
30	−1,1	2034	14 024
20	−6,7	1992	13 734
10	−12,2	1951	13 452
0	−17,8	1909	13 162

Figure 7-1. Effet de la température sur la pression d'oxygène dans une bouteille de 6,91 m^3 (244 pi^3) à pleine charge à 15 168 kPa à 21 °C (2200 psi à 70 °F).

7.2 Effet du diamètre et de la longueur d'un tuyau flexible sur le débit de gaz et sa pression

Le volume de gaz qui arrive aux robinets d'un chalumeau dépend du diamètre intérieur du tuyau flexible, de la longueur du tuyau flexible et de la pression de gaz. Dans le cas de soudage ou de coupage oxygaz, un volume insuffisant d'oxygène ou de gaz combustible affecte la puissance de sortie de la flamme et risque même de causer une rentrée de gaz et une explosion. Dans le cas du coupage, une alimentation pauvre en oxygène produit de mauvaises coupes.

Des volumes insuffisants de gaz de protection avec les procédés GTAW, GMAW, GTAC et GMAC causent des soudures et des coupes médiocres. Par conséquent, il importe de bien contrôler le volume de gaz acheminé aux robinets d'un chalumeau.

| Diamètre du tuyau | Longueur du tuyau | Taille de la buse | Pressions en psi ||||| Débit (pi³/h) |
			Statique au détendeur	Dynamique au détendeur	Entrée au chalumeau	Baisse dans le tuyau	
3/16	50	3	50	47	37½	9½	169
3/16	100*	3	51	47	26	21	129
3/16	50	5	84½	78	44	34	370
3/16	100*	5	83½	78	22	56	215
3/16	50	7	108	100	24	76	510
3/16	100*	7	106½	100	9	91	270
3/16	50	9	138½	130	19½	110½	735
3/16	100*	9	136½	130	7	123	405
1/4	50	3	50½	47	44½	2½	194
1/4	100*	3	50	47	42½	4½	188
1/4	50	5	86	78	68½	9½	540
1/4	100*	5	85	78	58½	19½	470
1/4	50	7	114	100	68	32	1140
1/4	100*	7	110	100	49	51	870
1/4	50	9	149½	130	65	65	2010
1/4	100*	9	144	130	36½	93½	1290
1/4	100**	3	50	47	36	11	164
1/4	100**	5	84½	78	42	36	360
1/4	100**	7	108	100	25	75	560
1/4	100**	9	140	130	18	112	795
3/8	50	3	51	47	46	1	190
3/8	50	5	86	78	74½	3½	580
3/8	50	7	117	100	86	14	1400
3/8	50	9	163½	130	89½	40½	2700
3/8	100*	3	51	47	46	1	198
3/8	100*	5	86	78	72	6	570
3/8	100*	7	115	100	77	23	1280
3/8	100*	9	155	130	75	55	2280

*—Deux longueurs de 50 pi (15 m) de tuyau flexible raccordées avec des goulottes standard.
**—Quatre longueurs de 25 pi (7,5 m) de tuyau flexible raccordées avec des goulottes standard.

Attention : N'excédez jamais les pressions maximales d'utilisation (réglage des détendeurs) spécifiées pour les tuyaux flexibles lors du soudage ou du coupage.
Oxygène.. 150 psi maximum
Acétylène... 15 psi maximum
Propane, propylène, MAPP et autres gaz combustibles.......................... 40 psi maximum

TUYAU FLEXIBLE — Attention : Évitez toute longueur excessive de tuyau flexible et ne raccordez pas de tuyaux avec plusieurs goulottes. Un tel arrangement nuira au passage et à la pression des gaz, réduira l'efficacité du coupage et pourrait provoquer des conditions d'opération dangereuses.

RAMPE DE DISTRIBUTION POUR BOUTEILLES — Attention : Lorsque le débit requis excède le débit maximal recommandé pour une seule bouteille, vous devez utiliser une rampe de distribution et des bouteilles supplémentaires pour assurer des conditions d'opération sécuritaires et efficaces. Le débit d'acétylène ne doit jamais dépasser 1/7 de la capacité de la bouteille. Consultez votre fournisseur de gaz pour obtenir toutes les instructions sur l'utilisation des rampes de distribution, des bouteilles et des gaz fournis.

Figure 7-2. Effet du diamètre et de la longueur d'un tuyau flexible sur le débit de gaz et sa pression à la sortie de la buse.

La pression propulse le gaz. Une pression faible réduit le volume de gaz et une pression élevée l'augmente. Quatre facteurs influent sur la pression de gaz arrivant aux robinets d'un chalumeau. Le premier facteur est la *pression réglée sur le détendeur*. Le deuxième est le *diamètre de la buse installée dans le détendeur*. Le troisième facteur est la *longueur du tuyau flexible dans le système*. Le quatrième est le *diamètre intérieur du tuyau flexible*, puisque la surface intérieure de ce dernier s'oppose au passage des gaz.

Un tuyau flexible plus long implique un réglage plus élevé du détendeur pour obtenir la pression désirée à la sortie de la buse. Deux pressions peuvent être mesurées et affichées sur le cadran de pression d'utilisation. La jauge de pression d'utilisation ou de basse pression donnera une lecture plus élevée en l'absence de débit de gaz (***pression statique***) que lorsque le gaz circule (***pression dynamique***). Ceci s'explique du fait que le gaz perd une partie de son énergie lorsqu'il doit vaincre la friction du tuyau flexible pour se déplacer.

Il faut toujours sélectionner soigneusement le diamètre et la longueur du tuyau flexible et choisir les réglages de pression appropriés sur les détendeurs avant de démarrer un poste de soudage. La figure 7-2 illustre les effets du diamètre et de la longueur du tuyau flexible sur le débit et la pression aux robinets d'un chalumeau.

7.3 Propriétés des flammes

Les gaz ne brûlent pas tous à la même température. Certains gaz conviennent mieux pour le préchauffage tandis que d'autres, en raison de leur température de flamme plus élevée, sont idéaux pour le soudage. La figure 7-3 énumère les températures de flamme de plusieurs gaz combustibles.

7.4 Chimie du soudage oxyacétylénique

Les symboles chimiques des produits liés à la combustion d'une flamme oxyacétylénique sont :
- Acétylène = C_2H_2
- Oxygène = O_2
- Monoxyde de carbone = CO
- Dioxyde de carbone = CO_2
- Vapeur d'eau = H_2O

La formule chimique pour la combustion d'oxygène et d'acétylène est

$$2C_2H_2 + 3O_2 \rightarrow 4CO + 2H_2O + \text{chaleur}$$

Cette équation stipule qu'un changement chimique se produit lorsqu'on allume les gaz à la buse du chalumeau. Voici ce qui se produit : deux molécules d'acétylène (C_2H_2) se combinent à trois molécules d'oxygène (O_2) et s'enflamment. Le résultat de cette combinaison de molécules par combustion produit quatre molécules de monoxyde de carbone (CO) et deux molécules de vapeur d'eau (H_2O) et de la chaleur.

Le *monoxyde de carbone (CO)* est un gaz très instable qui se lie volontiers à l'oxygène pour former du dioxyde de carbone (CO_2). En fait, le dioxyde de carbone produit une zone de chaleur moins intense autour du cône de la flamme du chalumeau. C'est dans cette zone que le monoxyde de carbone se mélange à l'oxygène contenu dans l'air ambiant pour former du dioxyde de carbone. La couche de monoxyde de carbone tend à empêcher l'oxydation du métal en fusion en absorbant les molécules libres d'oxygène.

L'action chimique de la flamme produite devient :

$$2CO + O_2 \rightarrow 2CO_2 + \text{chaleur}$$

Ici, l'oxygène provient de l'air ambiant autour de la flamme du chalumeau.

Rappelez-vous de ce principe lorsque vous soudez dans espace restreint ou fermé où il n'existe aucun mouvement d'air autour de la buse du chalumeau. Sous de telles conditions, il faut augmenter l'apport en oxygène pour conserver une flamme neutre.

7.5 Solutions chimiques de décapage et d'attaque

Il faut souvent utiliser des solutions chimiques de nettoyage, de dégraissage et de décapage avant de braser certains métaux non ferreux. Le magnésium, le cuivre et leurs alliages doivent être nettoyés avec des solutions chimiques avant le brasage. Les solutions suivantes s'appliquent sur du magnésium. Les solutions de préparation pour le cuivre sont également données.

Le *dégraissage* est généralement accompli avec une solution alcaline de bicarbonate de sodium, d'hydroxyde de sodium et d'eau mélangée à une température de 88 à 100 °C (190 à 212 °F). Voici les proportions de ce mélange :

85 g (3 oz) de bicarbonate de sodium
57 g (2 oz) d'hydroxyde de sodium
3,785 l (1 gal) d'eau

Le *décapage* de chrome brillant s'effectue en enlevant les oxydes et les dépôts des surfaces métalliques. On peut mélanger les produits chimiques suivants à une température de 15 à 38 °C (60 à 100 °F) afin d'obtenir une solution de décapage pour le chrome brillant :

685 g (24 oz) d'acide chromique
150 g (5,3 oz) de nitrate ferrique
13 g (0,47 oz) de fluorure de potassium
3,785 l (1 gal) d'eau

Gaz combustible	Formule chimique	BTU/pi³	Mj/m³	Température de flamme neutre avec oxygène	
				°F	°C
Acétylène	C_2H_2	1470	55	5589	3087
Gas naturel (méthane)	CH_4	1000	37	4600	2538
Hydrogène	H_2	325	12	4820	2660
MAPP (Méthyl-acétylène-propadiène)	C_3H_4	2460	91	5301	2927
Propane	C_2H_3	2498	104	4579	2526
Propylène	C_3H_6	2400	89	5250	2899

Figure 7-3. Températures de flamme et spécifications de chaleur de divers gaz combustibles.

Une autre solution de décapage pour le chrome régulier requiert de mélanger les produits chimiques ci-dessous à une température de 20 à 32 °C (70 à 90 °F) :

685 g (24 oz) de bichromate de sodium
71 cc (24 oz liq.) d'acide nitrique concentré
3,785 l (1 gal) d'eau

Pour le chrome modifié, on peut créer une solution de décapage à partir des produits chimiques suivants mélangés à une température de 20 à 38 °C (70 à 100 °F) :

57 g (2 oz) de fluorure acide de sodium
685 g (24 oz) de bichromate de sodium
37 g (1,3 oz) de sulfate d'aluminium
47 cc (16 oz liq.) d'acide nitrique 70 %
3,785 l (1 gal) d'eau

Pour enlever l'huile, la graisse et autres saletés sur du cuivre ou des alliages de cuivre, on peut préparer la solution ci-dessous à une température de 50 à 80 °C (125 à 180 °F) :

193 g (6,8 oz) d'orthosilicate de sodium
23 g (0,8 oz) de carbonate de sodium
11 g (0,4 oz) d'abiétate de sodium
3,785 l (1 gal) d'eau

Pour décaper du cuivre, on peut utiliser une solution à 10 % d'acide sulfurique à une température de 50 à 65 °C (125 à 150 °F) ou créer une solution en mélangeant les produits chimiques suivants à la température ambiante en respectant les proportions :

40 % d'acide nitrique concentré
30 % d'acide sulfurique concentré
0,5 % d'acide chlorhydrique concentré
29,5 % d'eau
(pourcentage par volume)

7.6 Chimie d'une réaction aluminothermique

Le soudage de pièces ou la fabrication de produits moulés par procédé aluminothermique existe depuis plusieurs années. La réaction chimique impliquée dans ce procédé spécifique est :

$$8Al + 3Fe_3O_4 \rightarrow 9Fe + 4Al_2O_3 + \text{chaleur}$$

Le mélange d'aluminium et d'oxyde de fer doit être chauffé à environ 1200 °C (2200 °F) pour que la réaction spécifiée précédemment puisse s'amorcer. On peut également utiliser ce procédé pour souder ou mouler du cuivre, du nickel et du manganèse.

7.7 Fonctionnement d'un haut fourneau

Un haut fourneau permet de convertir du minerai de fer en fonte de première fusion ou fonte brute. Pour produire cette fonte, un haut fourneau doit :
1. Désoxyder le minerai de fer.
2. Faire fondre le fer.
3. Faire fondre les scories.
4. Carburer le fer.
5. Séparer le fer des scories.

Un haut fourneau requiert les matières premières suivantes :

MINERAI
Hématite (rouge) Fe_2O_3 — 70 % de fer
Magnétite (noire) Fe_3O_4 — 72,4 % de fer
Limonite (brune) $Fe_2O_3H_2O$ — 63 % de fer
Sidérite (carbonate de fer) $FeCO_2$ — 48,3 % de fer

FLUX
Un bon flux doit fondre et s'unir à l'ensemble des impuretés, appelé *gangue*, afin d'extirper celles-ci sous forme de scories ou laitiers. Les principales impuretés sont la silice et l'alumine. Le flux ou fondant de base utilisé dans un haut fourneau est la castine.

COMBUSTIBLE
Le combustible utilisé dans un haut fourneau doit faire fondre la charge et fournir la chaleur nécessaire aux réactions dans le four. Ce combustible doit être pauvre en phosphore et en soufre. À ce titre, le coke demeure le combustible idéal.

AIR
De l'air préchauffé est acheminé sous pression dans la partie inférieure du haut fourneau. Les réactions chimiques principales qui s'y produisent sont :

1. $C + O_2 \rightarrow CO_2 + \text{chaleur}$
2. $CO_2 + C \rightarrow 2CO + \text{chaleur}$
3. $Fe_2O_3 + 3CO \rightarrow 3CO_2 + 2Fe + \text{chaleur}$

(1 à 3) Dans la partie inférieure du haut fourneau, le CO agit comme un réducteur.

4. $MnO + CO \rightarrow CO_2 + Mn + \text{chaleur}$
5. $SO_2 + 2CO \rightarrow 2CO_2 + S + \text{chaleur}$

(4 et 5) Dans la partie supérieure du haut fourneau.

6. $Fe_2O_3 + 3C \rightarrow 3CO_2 + 2Fe + \text{chaleur}$
7. $CaCO_3 + \text{chaleur} \rightarrow CaO + CO_2$

(6 et 7) Il faut autant de chaleur dans la partie inférieure que dans la partie supérieure du haut fourneau. Le procédé est pratiquement complété lorsque la température atteint 800 °C (1500 °F).

8. $MgCO_3 + \text{chaleur} \rightarrow MgO + CO_2$
9. $CaSO_4 + 2C \rightarrow CaS + 2CO_2$
10. $CaO + Al_2O_3 \rightarrow CaO + Al_2O_3$
11. $CaO + SiO_2 \rightarrow CaO + SiO_2$

(8 à 11) Réactions complétées en partie seulement, dans la partie inférieure du fourneau.

Les composés Al_2O_3, CaO et MnO ne subissent aucune transformation dans les deux parties du haut fourneau, puisque la chaleur y est insuffisante pour compléter les réactions 4 et 5.

Le fer pur fond à 1480 °C (2700 °F). Mélangé à des impuretés, il fond à des températures moins élevées. Le fer et les scories se séparent au bas du fourneau, puisque ces dernières sont plus légères et flottent sur le fer fondu. Par contre, les impuretés de silicium, de manganèse et de carbone se dissolvent dans le fer et demeurent mélangées à celui-ci. Les sulfures de fer doivent également être maintenus au minimum, puisqu'ils se dissolvent aussi dans le fer.

7.8 Propriétés des métaux

La figure 7-4 énumère la plupart des métaux utilisés dans l'industrie du soudage. Le tableau spécifie les symboles chimiques, les températures de fusion et quelques autres propriétés.

Métal	Symbole	Température de fusion		Masse spécifique	Poids en livres au pi³	Poids en grammes au cm³	Chaleur spécifique	
		°F	°C				BTU/lb/°F	Cal/g/°C
Acier au carbone	..	2462-2786	1350-1530	7,8	486,9	....	0,115	...
Aluminium	Al	1218	659	2,7	166,7	2,67	0,212	0,226
Antimoine	Sb	1166	630	6,69	418,3	6,6	0,049	0,049
Argent	Ag	1800	960	10,5	655,5	10,5	0,055	0,056
Fer Armco	..	2795	1535	7,9	490,0	7,85	0,115	0,108
Barres en fer forgé	..	2786	1530	7,8	486,9	....	0,11	...
Baryum	Ba	1600	870	3,6	219,0	....	...	0,068
Béryllium	Be	2348	1285	1,84	....	1,845	...	0,46
Bismuth	Bi	520	271	9,75	612,0	....	...	0,029
Bore	B	3990	2200	2,29	143,0	....	...	0,309
Bronze (90Cu 10Sn)	..	1562-1832	850-1000	8,78	548,0	....	0,092	...
Cadmium	Cd	610	321	8,64	550,0	....	...	0,055
Carbone	C	6510	3600	2,34	219,1	3,51	0,113	0,165
Cérium	Ce	1184	640	6,8	432,0	....	...	0,05
Chrome	Cr	2770	1520	6,92	431,9	6,92	0,104	0,12
Cobalt	Co	2700	1480	8,71	555,0	....	...	0,099
Columbium	Cb	3124	1700	7,06	452,54	7,25	...	...
Cuivre	Cu	1981	1100	8,89	555,6	8,9	0,092	...
Étain	Sn	450	232	7,30	455,7	7,30	0,054	0,054
Fer	Fe	2790	1530	7,865	490,0	7,85	0,115	0,108
Fonte	..	2012-2282	1100-1250	7,1	443,2	....	0,13	...
Hydrogène	H	-434,2	-259	0,070	0,00533	....	...	3,415
Iridium	Ir	4260	2350	22,42	1400,0	22,4	0,032	0,032
Laiton (70Cu 30Zn)	..	1652-1724	900-940	8,44	527,0	....	0,092	...
Laiton (90Cu 10Zn)	..	1868-1886	1020-1030	8,60	540,0	....	0,092	...
Lithium	Li	367	186	,534	....	32,8	...	0,79
Magnésium	Mg	1204	651	1,74	108,5	....	...	0,249
Manganèse	Mn	2300	1260	7,4	463,2	7,40	0,111	0,107
Mercure	Hg	-38	-39	13,55	848,84	13,6	0,033	0,033
Molybdène	Mo	4530	2500	10,3	638,0	....	...	0,065
Nickel	Ni	2650	1450	8,80	555,6	8,9	0,109	0,112
Or	Au	1900	1060	19,33	1205,0	19,2	0,032	0,031
Osmium	Os	4890	2700	22,48	1405,0	....	...	0,031
Palladium	Pd	2820	1550	12,16	750,0	....	...	0,059
Platine	Pt	3190	1750	21,45	1336,0	21,4	0,032	0,032
Plomb	Pb	621	327	11,37	708,5	11,32	0,030	0,030
Rhodium	Rh	3540	1950	12,4	776,0	....	...	0,060
Ruthenium	Ru	4440	2450	12,2	762,0	....	...	0,061
Silenium	Se	424	218	4,8	300,0	....	...	0,084
Sillicium	Si	2590	1420	2,49	131,1	2,10	0,175	0,176
Tantale	Ta	5160	2800	16,6	1037,0	....	...	0,036
Tellure	Te	846	452	6,23	389,0	....	...	0,047
Thallium	Ti	576	302	11,85	740,0	....	...	0,031
Thorium	Th	3090	1700	11,5	717,0	....	...	0,028
Titane	Ti	3270	1800	5,3	218,5	3,50	0,110	0,142
Tungstène	W	5430	3,000	17,5	1186,0	19,0	0,034	0,034
Uranium	U	....	....	18,7	1167,0	18,7	0,028	0,028
Vanadium	V	3130	1720	6,0	343,3	....	0,115	...
Zinc	Zn	787	419	7,19	443,2	....	0,093	...
Zirconium	Zr	3090	1700	6,38	398,0	....	...	0,066

Figure 7-4. *Propriétés de métaux. Ce tableau énumère la plupart des métaux utilisés pour le soudage, leur symbole chimique et plusieurs autres informations utiles.*

Métal	Poids au pi³ (lb)	Poids au m³ (kg)	Expansion par augmentation en température de 1 °F (0,0001 po)	Expansion par augmentation en température de 1 °C (0,0001 mm)
Acier	490	7849	0,689	31,50
Aluminium	165	2643	1,360	62,18
Argent	655	10 492	1,079	49,33
Bronze	555	8890	0,986	45,08
Cuivre	555	8890	0,887	40,55
Fer (fonte)	460	7369	0,556	25,42
Laiton	520	8330	1,052	48,10
Nickel	550	8810	0,695	31,78
Or	1200	19 222	0,786	35,94
Platine	1350	21 625	0,479	21,90
Plomb	710	11 373	1,571	71,83

Figure 7-5. Poids et expansion de divers métaux.

Avant de concevoir une structure, il faut évaluer le type de matériau à utiliser et tenir compte de son poids. Pour éviter toute déformation du montage soudé, il faut également tenir compte des propriétés d'extensibilité du métal choisi, surtout si l'on utilise des dispositifs et des gabarits de montage. La figure 7-5 énumère les poids et les taux d'extension de divers métaux.

7.9 Contraintes engendrées par le soudage

Une *contrainte* désigne une force qui cause ou tente de causer un mouvement ou un changement de forme des pièces soudées.

La chaleur créée lors du soudage provoque un allongement du métal. De même, le métal se contracte et rétrécit lorsqu'il refroidit et ne reprend habituellement pas sa forme ou sa position initiale. Une telle *distorsion* ou déformation du métal peut être minimisée en immobilisant les pièces sur une plaque de fixation lors du soudage.

Lorsque des pièces non immobilisées avant leur soudage se refroidissent, elles subissent souvent une déformation suite aux contraintes toujours présentes en elles, appelées *contraintes résiduelles* (figure 7-6).

Si l'on immobilise des pièces à souder en les serrant avec des brides sur des dispositifs ou des gabarits de montage, on minimise alors leur extension, leur contraction et leur déformation. Toutefois, en dépit de ces précautions, des contraintes résiduelles existent toujours dans les pièces métalliques après leur refroidissement (figure 7-7). Si elles ne sont pas éliminées, ces contraintes résiduelles peuvent provoquer une déformation ultérieure de l'assemblage. Pour éliminer les contraintes restantes après le soudage, il faut procéder à un recuit de détente pour relaxer ces tensions en réchauffant les pièces.

7.10 Systèmes de mesure des fils et des tôles minces

En Amérique du Nord, il existe deux systèmes pour mesurer l'épaisseur des métaux : le système **B&S** (*Brown & Sharpe gage*) et le **MSG** (*Manufacturers Standard Gauge*), qui utilisent des numéros pour identifier les épaisseurs.

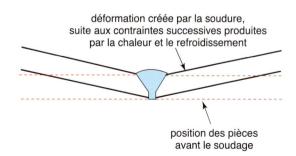

Figure 7-6. Déformation causée par les contraintes de soudage sur une pièce non fixée au préalable. Les contraintes résiduelles après déformation sont à peu près nulles.

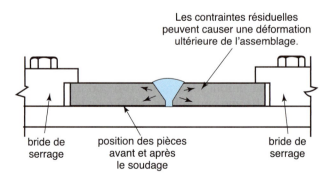

Figure 7-7. Contraintes résiduelles restantes dans une pièce immobilisée après le soudage. Une fois la soudure refroidie, la déformation semble à peu près nulle, mais les contraintes résiduelles internes peuvent être considérables. Ces contraintes résiduelles peuvent être éliminées par relaxation.

Calibre d'épaisseur	Système B&S (po)	Système SSMS (po)	Calibre d'épaisseur	Système B&S (po)	Système SSMS (po)
6-0	0,5800	—	17	0,0453	0,0538
5-0	0,5165	—	18	0,0403	0,0478
4-0	0,4600	—	19	0,0359	0,0418
3-0	0,4096	—	20	0,0320	0,0359
2-0	0,3648	—	21	0,0285	0,0329
0	0,3249	—	22	0,0253	0,0299
1	0,2893	—	23	0,0226	0,0269
2	0,2576	—	24	0,0201	0,0239
3	0,2294	0,2391	25	0,0179	0,0209
4	0,2043	0,2242	26	0,0159	0,0179
5	0,1819	0,2092	27	0,0142	0,0164
6	0,1620	0,1943	28	0,0126	0,0149
7	0,1443	0,1793	29	0,0113	0,0135
8	0,1285	0,1644	30	0,0100	0,0120
9	0,1144	0,1495	31	0,0089	0,0105
10	0,1019	0,1345	32	0,0080	0,0097
11	0,0907	0,1196	33	0,0071	0,0090
12	0,0808	0,1046	34	0,0063	0,0082
13	0,0720	0,0897	35	0,0056	0,0075
14	0,0641	0,0747	36	0,0050	0,0067
15	0,0571	0,0673	37	0,0045	0,0064
16	0,0508	0,0598	38	0,0040	0,0060

Figure 7-8. Tableau des calibres d'épaisseur des systèmes B&S (Brown & Sharpe gage) et MSG (Manufacturers Standard Gauge). Les équivalents décimaux du système US Conventional sont également fournis. Le système B&S sert habituellement pour les tôles et fils non ferreux, tandis que le système MSG est utilisé pour identifier les tôles d'acier.

Le système B&S sert habituellement à mesurer l'épaisseur de tôles et de fils non ferreux. Les tôles d'acier sont quant à elles quantifiées à partir du système MSG. La figure 7-8 énumère les numéros de calibres des systèmes B&S et MSG.

7.11 Évaluation de la température par la couleur

Au chapitre 5, nous avons expliqué les buts et les marches à suivre pour le traitement thermique de métaux après le soudage ou le brasage. Ces traitements thermiques permettent d'optimiser les propriétés physiques désirées des métaux.

Un traitement thermique efficace implique qu'il faut chauffer le métal à une température spécifique avant de le laisser refroidir. Selon la température à laquelle il est chauffé, l'acier change de couleur. Ces couleurs donnent une indication particulièrement précise de la température de l'acier et peuvent servir de guide pour le revenu de l'acier. La figure 7-9 donne les températures approximatives liées à chaque couleur.

Couleur	°F	°C
Jaune paille clair	400	205
Jaune paille	440	225
Jaune paille foncé	475	245
Bronze	520	270
Mauve	540	280
Bleu clair	590	310
Bleu	640	340
Noir	700	370
Rouge foncé	1000	600
Rouge cerise foncé	1200	650
Rouge cerise	1300	700
Rouge cerise clair	1400	750
Rouge orangé	1500	800
Orange jaunâtre	2200	1200
Blanc jaunâtre	2370	1300
Blanc	2550	1400

Figure 7-9. Température approximative de l'acier au carbone selon sa couleur lorsqu'on le chauffe.

Fraction (po)	Équivalent décimal (po)	Fraction (po)	Équivalent décimal (po)
1/64	0,015625	17/64	0,265625
1/32	0,03125	9/32	0,28125
3/64	0,046875	19/64	0,296875
1/16	0,0625	5/16	0,3125
5/64	0,078125	21/64	0,328125
3/32	0,09375	11/32	0,34375
7/64	0,109375	23/64	0,359375
1/8	0,125	3/8	0,375
9/64	0,140625	25/64	0,390625
5/32	0,15625	13/32	0,40625
11/64	0,171875	27/64	0,421875
3/16	0,1875	7/16	0,4375
13/64	0,203125	29/64	0,453125
7/32	0,21875	15/32	0,46875
15/64	0,234375	31/64	0,484375
1/4	0,250	1/2	0,500

Figure 7-10. *Tailles des forets classés par fractions de 1/64 à 1/2 po et leurs équivalents décimaux.*

7.12 Jeux de forets et dimensions

Il existe une grande variété de tailles de forets, mais on ne compte que quatre systèmes de désignation des tailles. Ces quatre systèmes regroupent :
- Les forets classés par fractions
- Les forets classés par numéros
- Les forets classés par lettres
- Les forets métriques

On retrouve la marque identifiant la taille d'un foret sur sa tige (à moins que celle-ci ne soit trop petite). Cette taille se résume à un numéro, une fraction ou une lettre. Notez que les forets métriques sont identifiés par un nombre. Il importe donc de savoir si un jeu de forets utilisant des nombres/numéros est métrique ou non pour éviter toute confusion, puisque le diamètre d'un foret #2 sur un jeu américain à numéros ne correspond pas à celui d'un foret 2,0 métrique.

Les forets sont fabriqués soit en acier à forte teneur en carbone (moins dispendieux) pour un usage général, soit en acier allié de type HSS (high-speed steel) pour le forage à haute vitesse.

Les tailles des *forets classés par fractions* varient de 1/64 à 1/2 po, par incréments de 1/64 po (figure 7-10). Des tailles plus grandes sont également disponibles.

Les tailles des *forets classés par numéros* vont en décroissant du no 1 (0,228 po) au no 80 (0,0135 po). La plupart des jeux utilisant ce système n'incluent toutefois que les numéros 1 à 60. La figure 7-11 donne les tailles associées à chaque numéro de foret.

Les tailles des *forets classés par lettres* croissent de A (0,234 po) à Z (0,413 po), comme on peut le voir à la figure 7-12. Enfin, les tailles des *forets métriques* varient de 0,1 à 25,5 mm (figure 7-13).

Numéro de foret	Taille en pouces	Numéro de foret	Taille en pouces	Numéro de foret	Taille en pouces
1	0,2280	28	0,1405	55	0,0520
2	0,2210	29	0,1360	56	0,0465
3	0,2130	30	0,1285	57	0,0430
4	0,2090	31	0,1200	58	0,0420
5	0,2055	32	0,1160	59	0,0410
6	0,2040	33	0,1130	60	0,0400
7	0,2010	34	0,1110	61	0,0390
8	0,1990	35	0,1100	62	0,0380
9	0,1960	36	0,1065	63	0,0370
10	0,1935	37	0,1040	64	0,0360
11	0,1910	38	0,1015	65	0,0350
12	0,1890	39	0,0995	66	0,0330
13	0,1850	40	0,0980	67	0,0320
14	0,1820	41	0,0960	68	0,0310
15	0,1800	42	0,0935	69	0,02925
16	0,1770	43	0,0890	70	0,0280
17	0,1730	44	0,0860	71	0,0260
18	0,1695	45	0,0820	72	0,0250
19	0,1660	46	0,0810	73	0,0240
20	0,1610	47	0,0785	74	0,0225
21	0,1590	48	0,0760	75	0,0210
22	0,1570	49	0,0730	76	0,0200
23	0,1540	50	0,0700	77	0,0180
24	0,1520	51	0,0670	78	0,0160
25	0,1495	52	0,0635	79	0,0145
26	0,1470	53	0,0595	80	0,0135
27	0,1440	54	0,0550		

Figure 7-11. *Tailles des forets classés par numéros et leurs équivalents décimaux en pouces. Si un foret est trop petit pour porter une marque d'identification, on peut déterminer sa taille avec un micromètre.*

Lettre sur le foret	Taille en pouces	Lettre sur le foret	Taille en pouces
A	0,234	N	0,302
B	0,238	O	0,316
C	0,242	P	0,323
D	0,246	Q	0,332
E	0,250	R	0,339
F	0,257	S	0,348
G	0,261	T	0,358
H	0,266	U	0,368
I	0,272	V	0,377
J	0,277	W	0,386
K	0,281	X	0,397
L	0,290	Y	0,404
M	0,295	Z	0,413

Figure 7-12. *Tailles des forets classés par lettres et leurs équivalents décimaux en pouces.*

Forets métriques		Forets métriques		Forets métriques		Forets métriques	
mm	Taille équivalente en pouces	mm	Taille équivalente en pouces	mm	Taille équivalente en pouces	mm	Taille équivalente en pouces
0,40	0,0157	2,0	0,0787	4,1	0,1614	7,3	0,2874
0,45	0,0177	2,05	0,0807	4,2	0,1654	7,4	0,2913
0,50	0,0197	2,1	0,0827	4,3	0,1693	7,5	0,2953
0,58	0,0228	2,15	0,0846	4,4	0,1732	7,6	0,2992
0,60	0,0236	2,2	0,0866	4,5	0,1772	7,7	0,3031
0,65	0,0256	2,25	0,0886	4,6	0,1811	7,8	0,3071
0,70	0,0276	2,3	0,0906	4,7	0,1850	7,9	0,3110
0,75	0,0295	2,35	0,0925	4,8	0,1890	8,0	0,3150
0,80	0,0315	2,4	0,0945	4,9	0,1929	8,1	0,3189
0,85	0,0335	2,45	0,0965	5,0	0,1968	8,2	0,3228
0,90	0,0354	2,5	0,0984	5,1	0,2008	8,3	0,3268
0,95	0,0374	2,55	0,1004	5,2	0,2047	8,4	0,3307
1,00	0,0394	2,6	0,1024	5,3	0,2087	8,5	0,3346
1,05	0,0413	2,65	0,1043	5,4	0,2126	8,6	0,3386
1,10	0,0433	2,7	0,1063	5,5	0,2165	8,7	0,3425
1,15	0,0453	2,75	0,1083	5,6	0,2205	8,8	0,3465
1,20	0,0472	2,8	0,1102	5,7	0,2244	8,9	0,3504
1,25	0,0492	2,85	0,1122	5,8	0,2283	9,0	0,3543
1,30	0,0512	2,9	0,1142	5,9	0,2323	9,1	0,3583
1,35	0,0531	2,95	0,1161	6,0	0,2362	9,2	0,3622
1,40	0,0551	3,0	0,1181	6,1	0,2402	9,3	0,3661
1,45	0,0571	3,1	0,1220	6,2	0,2441	9,4	0,3701
1,50	0,0591	3,2	0,1260	6,3	0,2480	9,5	0,3740
1,55	0,0610	3,25	0,1280	6,4	0,2520	9,6	0,3780
1,60	0,0630	3,3	0,1299	6,5	0,2559	9,7	0,3819
1,60	0,0630	3,4	0,1339	6,6	0,2598	9,8	0,3868
1,65	0,0650	3,5	0,1378	6,7	0,2638	9,9	0,3898
1,70	0,0669	3,6	0,1417	6,8	0,2677	10,0	0,3937
1,75	0,0689	3,7	0,1457	6,9	0,2717	10,1	0,3976
1,80	0,0709	3,75	0,1476	7,0	0,2756	10,2	0,4016
1,85	0,0728	3,8	0,1496	7,1	0,2795	10,3	0,4055
1,90	0,0748	3,9	0,1535	7,2	0,2835	10,4	0,4094
1,95	0,0768	4,0	0,1575	7,25	0,2854	10,5	0,4134

Figure 7-13. Tailles des forets métriques et leurs équivalents décimaux en pouces.

7.13 Taraudage d'un trou

Pour fileter un trou, on utilise un outil appelé *taraud*. Il faut toutefois percer un trou de la bonne taille avant de se servir de cet outil. Un foret utilisé pour percer un avant-trou de taraudage est qualifié de *foret d'implantation*.

La figure 7-14 énumère plusieurs tailles de filetages *National Fine* (NF) et *National Coarse* (NC) et la taille de foret à utiliser dans chaque cas. Si l'on choisit un diamètre d'avant-trou trop petit, le taraud risque fortement de se briser lors du taraudage. De même, un avant-trou trop grand produira un filetage lâche offrant peu de résistance.

7.14 Système métrique

Tous les pays du monde, à l'exception des États-Unis, emploient le système métrique. Auparavant, tous les pays n'utilisaient pas les mêmes unités de mesure pour le système métrique. Par exemple, les poids étaient parfois spécifiés en grammes, parfois en kilogrammes et les mesures de longueur tantôt en millimètres, tantôt en mètres.

Par la suite, un système international d'unités métriques, le SI, fut adopté pour normaliser les usages partout dans le monde. Les industries américaines qui comptent exporter des produits doivent donc respecter les normes métriques du SI.

Taraud		Foret d'implantation
Diamètre de vis	Filets au pouce	
6	32	No 36
6	40	No 33
8	32	No 29
8	36	No 29
10	24	No 25
10	32	No 21
12	24	No 16
12	28	No 14
1/4	20	No 7
1/4	28	No 3
5/16	18	F
5/16	24	I
3/8	16	5/16
3/8	24	Q
7/16	14	U
7/16	20	25/64
1/2	13	27/64
1/2	20	29/64

Figure 7-14. *Tailles de filetages NF et NC.*

Le système métrique demeure simple à utiliser puisqu'il remplace les fractions par des décimales et qu'il n'utilise qu'une seule unité pour chaque quantité physique.

Les unités de base du SI sont :

Mesure	Unité	Symbole
Longueur	Mètre	m
Masse (poids)	Kilogramme	kg
Temps	Seconde	s
Courant électrique	Ampère	A
Température thermodynamique	Degré Kelvin	°K
Intensité lumineuse	Candela	cd
Quantité de matière	Mole	mol
Température	Degré Celsius	°C

Les termes suivants du SI servent à exprimer des fractions d'une unité de base :
- milli = 1/1000 ou 0,001 de l'unité de base
- micro = 1/1 000 000 ou 0,000001 de l'unité de base

Exemples :
   milliseconde = 1/1000 de seconde
    ou 0,001 seconde
   microampère = 1/1 000 000 d'ampère
    ou 0,000001 ampère

Les termes suivants du SI expriment des multiples d'une unité de base :
- kilo = 1 000 × l'unité de base
- mega = 1 000 000 × l'unité de base

Exemples :
   kilogramme = 1000 grammes
   mégavolt = 1 000 000 volts

La figure 7-15 donne les facteurs de conversion à utiliser avec les unités de mesures courantes dans l'industrie du soudage. La figure 7-16 est une table de conversion pour changer les diamètres d'électrodes et les tailles de soudure d'angle en unités métriques. Enfin, la figure 7-17 illustre comment convertir des unités du système impérial de mesure en unités du SI et vice versa.

7.15 Échelles de température

On peut mesurer des niveaux de température de différentes façons. Dans le SI, une échelle de température est toujours donnée en degrés Celsius. Dans ce système, la glace fond à 0 °C et l'eau bout à 100 °C. Une échelle de température en degrés Fahrenheit utilise 180 points égaux entre la fonte de la glace à 32 °F et l'ébullition de l'eau à 212 °F.

Une autre échelle de température, utilisée pour les travaux scientifiques, emploie des degrés Kelvin. 0 °K correspond à –273 °C, c'est-à-dire la température dite du *zéro absolu*, à laquelle tout mouvement moléculaire cesse. À l'échelle Kelvin, la glace fond donc à 273 °K et l'eau bout à 373 °K.

Pour convertir des degrés Fahrenheit en degrés Celsius, utilisez la formule suivante :
$$(°F - 32) \times 0{,}555 = °C$$
Exemple :
  80 °F = ? °C
  (80 °F – 32) × 0,555 = ? °C
  48 × 0,555 = 26,6 °C ou 27 °C

Pour convertir des degrés Celsius en degrés Fahrenheit, utilisez la formule suivante :
$$(°C \times 1{,}8) + 32 = °F$$
Exemples :
  100 °C = ? °F
  (100 °C × 1,8) + 32 = ? °F
  180 + 32 = 212 °F
  ou 40 °C = ? °F
  (40 × 1,8) + 32 = ? °F
  72 + 32 = 104 °F

7.16 Physique de l'énergie, de la température et de la chaleur

L'énergie liée au chauffage de gaz et la transformation de solides en liquides sont des aspects physiques très importants dans l'industrie du soudage. Par conséquent, les soudeurs doivent connaître les fondements de l'énergie moléculaire.

La *théorie moléculaire de la chaleur* demeure l'explication préférée par les chimistes et les ingénieurs pour expliquer l'énergie thermique. Les trois formes d'énergie les plus importantes sont l'énergie thermique, l'énergie mécanique et l'énergie électrique. L'énergie peut être convertie d'une forme à une autre. Par exemple, un moteur électrique transforme de l'énergie électrique en énergie mécanique. Les roulements d'un moteur électrique chauffent lorsque celui-ci tourne, car une partie de l'énergie mécanique est transformée en chaleur.

Conversions de termes de soudage communs*			
Propriété	Pour convertir de	À	Multipliez par
Aire (mm²)	po²	mm²	6,451 600 x 10²
	mm²	po²	1,550 003 x 10⁻³
Apport calorifique (J/m)	J/po	J/m	3,937 008 x 10
	J/m	J/po	2,540 000 x 10⁻²
Conductivité thermique (W/[m·K])	cal/(cm·s·°C)	W/(m·K)	4,184 000 x 10²
Débit (L/min)	pi³/h	L/min	4,719 475 x 10⁻¹
	gal/h	L/min	6,309 020 x 10⁻²
	gal/min	L/min	3,785 412
	cm³/min	L/min	1,000 000 x 10⁻³
	L/min	pi³/h	2,118 880
	cm³/min	pi³/h	2,118 880 x 10⁻³
Densité calorifique (W/m²)	W/po²	W/m²	1,550 003 x 10³
	W/m²	W/po²	6,451 600 x 10⁻⁴
Densité de courant (A/mm²)	A/po²	A/mm²	1,550 003 x 10⁻³
	A/mm²	A/po²	6,451 600 x 10²
Énergie de frappement	force en pi·lb	J	1,355 818
Force en livres (N)	force en livres	N	4,448 222
	force en kilogrammes	N	9,806 650
	N	force en livres	2,248 089 x 10⁻¹
Mesures linéaires (mm)	po	mm	2,540 000 x 10
	pi	mm	3,048 000 x 10²
	mm	po	3,937 008 x 10⁻²
	mm	pi	3,280 840 x 10⁻³
Pression (gaz et liquide) (kPa)	psi	Pa	6,894 757 x 10³
	lb/po²	Pa	4,788 026 x 10
	N/mm²	Pa	1,000 000 x 10⁶
	kPa	psi	1,450 377 x 10⁻¹
	kPa	lb/po²	2,088 543 x 10
	kPa	N/mm²	1,000 000 x 10⁻³
	torr (mm Hg à 0°C)	kPa	1,333 22 x 10⁻¹
	micron (μm Hg à 0°C)	kPa	1,333 22 x 10⁻⁴
	kPa	torr	7,500 64 x 10
	kPa	micron	7,500 64 x 10³
Résistance à la traction (MPa)	psi	kPa	6,894 757
	lb/po²	kPa	4,788 026 x 10⁻²
	N/mm²	MPa	1,000 000
	MPa	psi	1,450 377 x 10²
	MPa	lb/po²	2,088 543 x 10⁴
	MPa	N/mm²	1,000 000
Résistivité électrique (Ω·m)	Ω·cm	Ω·m	1,000 000 x 10⁻²
	Ω·m	Ω·cm	1,000 000 x 10²
Taux de dépôt** (kg/h)	lb/h $^{1/2}$	kg/h	0,045**
	kg/h	lb/h	2,2**
Ténacité à la rupture (MN·m$^{-3/2}$)	ksi,po	MN·m$^{-3/2}$	1,098 855
	MN·m$^{-3/2}$	ksi·po$^{1/2}$	0,910 038
Vitesse d'avance ou d'alimentation (mm/s)	po/min	mm/s	4,233 333 x 10⁻¹
	mm/s	po/min	2,362 205

*Les unités préférées sont données entre parenthèses.
**Conversion approximative.

Figure 7-15. *Conversions de termes de soudage communs. Pour convertir du SI au système impérial, divisez l'unité métrique par la quantité spécifiée dans la quatrième colonne.*

Tailles d'électrodes		Tailles de soudure d'angle	
po	mm	po	mm
0,030	0,8	1/8	3
0,035	0,9	5/32	4
0,040	1	3/16	5
0,045	1,2	1/4	6
1/16	1,6	5/16	8
5/64	2	3/8	10
3/32	2,4	7/16	11
1/8	3,2	1/2	13
5/32	4	5/8	16
3/16	4,8	3/4	19
1/4	6,4	7/8	22
		1	25

Figure 7-16. *Conversions entre le système impérial et le SI. Le tableau donne les équivalents pour les tailles d'électrodes et de soudure d'angle.*

Un *horse power* ou HP (*énergie mécanique*) = 2545,6 BTU (2684 kJ) à l'heure (*énergie thermique*).
Un *horse power* ou HP (*énergie électrique*) = 746 watts.
746 W = 2545,6 BTU (2684 kJ) à l'heure.
1 W = 3,412 BTU (3,497 kJ) à l'heure.
1 kW = 3412 BTU (3497 kJ) à l'heure.

En somme, la théorie moléculaire stipule que toute matière comprend des molécules et des atomes. Les atomes contiennent des protons, des électrons, des neutrons et des particules à vie courte. Cette théorie suppose également que les molécules et les atomes sont constamment en mouvement.

Par exemple, les molécules d'une feuille de papier ou d'une pièce métallique suivent un mouvement continu. La vitesse à laquelle ces molécules se déplacent détermine un niveau de chaleur connu sous le nom de **température**. Cette température demeurera constante peu importe s'il s'agit du mouvement d'un seul atome ou de millions d'atomes à cette vitesse particulière.

D'autre part, le nombre de molécules ou d'atomes dans une substance à une température donnée détermine la **chaleur** ou l'énergie thermique de cette matière. Cette distinction entre température et chaleur est très importante. La *vitesse du mouvement des molécules* détermine la température, tandis que la *quantité de matière* définit l'énergie thermique.

Toute matière ne peut exister que sous quatre formes : solide, liquide, gaz ou plasma. Il ne se produit aucun changement dans la composition chimique d'une substance sous l'une ou l'autre de ces quatre formes. D'abord, les molécules d'une matière **solide** possèdent un mouvement vibratoire. Les molécules conservent les mêmes distances l'une par rapport à l'autre, mais vibrent. Si l'on ajoute de l'énergie à une substance solide, ses molécules vibreront plus rapidement, ce qui produira une augmentation de la température. Toutefois, comme on ne peut appliquer qu'une certaine quantité d'énergie à une matière solide, l'augmentation en température est limitée.

Une fois cette quantité de chaleur absorbée, toute énergie supplémentaire transmise au solide modifie le mouvement des molécules à un point tel que celles-ci ne peuvent plus conserver leurs liens vibratoires. À ce moment, un changement interne se produit dans la structure des molécules. La substance absorbe alors une grande quantité d'énergie et passe graduellement de l'état solide à l'état *liquide*. Quoique la substance absorbe de la chaleur au cours de ce changement, aucune hausse de température n'est observée. En fait, toute la chaleur appliquée agit en modifiant la structure interne des molécules au lieu d'influer sur leur mouvement.

La théorie de l'énergie appliquée à une substance liquide suppose que chaque molécule, au lieu de vibrer, se déplace plutôt en ligne droite jusqu'à ce qu'elle entre en contact avec une autre molécule. Ce principe implique qu'une substance liquide ne possède ni forme définie ni rigidité et doit par conséquent être contenue dans un récipient. Toutefois, les molécules individuelles du liquide continuent de s'attirer les unes aux autres. L'attraction d'une molécule sur une autre est assez forte pour dévier son mouvement et l'empêcher de trop s'éloigner.

Si l'on continue à transmettre de l'énergie à un liquide, le mouvement des molécules continue d'augmenter et produit une hausse de la température. Lorsqu'un liquide absorbe suffisamment d'énergie, un changement se produit dans la structure interne des molécules et le liquide se transforme en *gaz*. Une fois de plus, aucune hausse de température ne peut se produire lorsqu'un liquide passe à l'état gazeux, puisque toute la chaleur appliquée agit pour modifier la structure des molécules. À l'état gazeux, les molécules ne sont cependant plus attirées les unes aux autres et se déplacent librement en ligne droite jusqu'à ce qu'elles heurtent une autre molécule ou une autre substance. C'est la raison pour laquelle un gaz doit être conservé dans un contenant étanche. Si l'on continue de chauffer un gaz, il passe ensuite à l'état de *plasma*.

Cette théorie explique parfaitement ce qui se produit dans le cas de glace, d'eau et de vapeur. La composition chimique de l'eau demeure la même, en dépit des changements d'état.

La chaleur qui permet de transformer un solide en liquide ou un liquide en gaz est qualifiée de **chaleur latente**, puisqu'on ne peut pas la mesurer avec un thermomètre. Par exemple, il faut 970 BTU pour faire passer une livre d'eau liquide à 212 °F à l'état de vapeur ou 2255 joules pour transformer un gramme d'eau liquide à 100 °C en vapeur.

Par ailleurs, la température d'une flamme oxyacétylénique demeure la même, peu importe la taille de la buse. Toutefois, la quantité d'énergie appliquée sur le métal croît à mesure qu'augmente la taille de buse ou le volume de gaz.

7.17 Risques pour la santé

Une partie essentielle de l'apprentissage des techniques de soudage consiste à se familiariser avec les conditions représentant des risques pour la santé et à les reconnaître. Rappelez-vous que le meilleur moyen de gérer un risque est d'éliminer ou de contrôler ses causes.

Conversions générales			
Propriété	**Pour convertir de**	**À**	**Multipliez par**
Accélération angulaire	tour par minute au carré	rad/s^2	1,745 329 x 10^{-3}
Accélération linéaire	po/min^2 pi/min^2 po/min^2 pi/min^2 pi/s^2	m/s^2 m/s^2 mm/s^2 mm/s^2 m/s^2	7,055 556 x 10^{-6} 8,466 667 x 10^{-5} 7,055 556 x 10^{-3} 8,466 667 x 10^{-2} 3,048 000 x 10^{-1}
Aire	po^2 pi^2 vg^2 po^2 vg^2 acre	m^2 m^2 m^2 mm^2 mm^2 m^2	6,451 600 x 10^{-4} 9,290 304 x 10^{-2} 8,361 274 x 10^{-1} 6,451 600 x 10^2 9,290 304 x 10^4 4,046 873 x 10^3
Angle plan	degré minute seconde	rad rad rad	1,745 329 x 10^{-2} 2,908 882 x 10^{-4} 4,848 137 x 10^{-6}
Couple	force en po·lb force en pi·lb	N,m N,m	1,129 848 x 10^{-1} 1,355 818
Densité	masse en lb/po^3 masse en lb/pi^3	kg/m^3 kg/m^3	2,767 990 x 10^4 1,601 846 x 10
Énergie, travail, chaleur et énergie de frappement	force en pi·lb force en pi·poundal BTU calorie wattheure	J J J J J	1,355 818 4,214 011 x 10^{-2} 1,054 350 x 10^3 4,184 000 3,600 000 x 10^3
Force	force en kilogramme force en livres	N N	9,806 650 4,448 222
Longueur	po pi vg perche mille terrestre	m m m m km	2,540 000 x 10^{-2} 3,048 000 x 10^{-1} 9,144 000 x 10^{-1} 5,029 210 1,609 347
Masse	masse en livres (avoirdupois) tonne métrique tonne (2000 lb) barreau de combustible	kg kg kg kg	4,535 924 x 10^{-1} 1,000 000 x 10^3 9,071 847 x 10^2 1,459 390 x 10
Pression	force en lb/po^2 bar atmosphère kip/po^2	kPa kPa kPa kPa	6,894 757 1,000 000 x 10^2 1,013 250 x 10^2 6,894 757 x 10^3
Puissance	horse power (550 pi·lb/s) horse power (puissance électrique) BTU/min cal/min force en pi·lb/min	W W W W W	7,456 999 x 10^2 7,460 000 x 10^2 1,757 250 x 10 6,973 333 x 10^{-2} 2,259 697 x 10^{-2}
Résistance à la traction	ksi	MPa	6,894 757
Résistance aux chocs	(voir Énergie)		
Température	degrés Celsius, t°C degrés Fahrenheit, t°F degrés Rankine, t°R degrés Fahrenheit, t°F kelvin, t°K	K K 	t°K = t °C + 273,15 t°K = (t °F + 459,67)/1,8 t°K = t °R/1,8 t °C = (t°F − 32)/1,8 t °C = t°K − 273,15

Figure 7-17. *Conversions pour mesures techniques courantes. Pour convertir du SI au système impérial, divisez l'unité métrique par la quantité spécifiée dans la quatrième colonne.*

Propriété	Pour convertir de	À	Multipliez par	
Vitesse angulaire	tour par minute	rad/s	1,047	198 x 10^{-1}
	degré par minute	rad/s	2,908	882 x 10^{-4}
	tour par minute	deg/min	3,600	000 x 10^{2}
Vitesse linéaire	po/min	m/s	4,233	333 x 10^{-4}
	pi/min	m/s	5,080	000 x 10^{-3}
	po/min	mm/s	4,233	333 x 10^{-1}
	pi/min	mm/s	5,080	000
	mi/h	km/h	1,609	344
Volume	po^3	m^3	1,638	706 x 10^{-5}
	pi^3	m^3	2,831	685 x 10^{-2}
	vg^3	m^3	7,645	549 x 10^{-1}
	po^3	mm^3	1,638	706 x 10^{4}
	pi^3	mm^3	2,831	685 x 10^{7}
	po^3	l	1,638	706 x 10^{-2}
	pi^3	l	2,831	685 x 10
	gallon	l	3,785	412

Figure 7-17. Suite

En principe, une flamme oxygaz représente peu des risques, mais les émanations de monoxyde de carbone (CO) peuvent atteindre des niveaux nocifs dans des espaces mal ventilés. L'utilisation du dioxyde de carbone comme gaz de protection pour le soudage à l'arc crée un problème de monoxyde de carbone (CO), puisque l'arc de soudage scinde le CO_2.

Les fours de réduction peuvent également produire des émanations de monoxyde de carbone (CO). Ces types de fours doivent être ventilés adéquatement à la fois aux points de chargement et de déchargement. Si l'on utilise des fours à vide ou des chambres de soudage, les gaz d'échappement doivent être aspirés pour ne pas incommoder les individus.

L'usage de gaz inertes dans des endroits confinés est également très dangereux, puisque ceux-ci remplacent l'air et l'oxygène. **Toute personne qui entre dans un espace restreint ou un réservoir où l'on utilise un gaz inerte doit porter un appareil de purification d'air ou une cagoule à adduction d'air.**

D'autre part, les revêtements métalliques produisent des émanations toxiques lorsque chauffés par le soudage. On retrouve notamment le dioxyde d'azote, les émanations d'électrodes enrobées, l'oxyde de fer et des dérivés de cadmium et de zinc.

Durant plusieurs années, la peinture de minium fut abondamment utilisée pour la protection et la finition de métaux. En chauffant, les couches de peinture de minium génèrent des émanations de plomb toxiques pouvant causer un empoisonnement par saturnisme aigu. La tôle plombée et le fer terne contiennent également du plomb et créent des gaz dangereux lorsqu'ils sont chauffés.

De nombreuses pièces de petite taille comportent un revêtement de cadmium, un élément qui devient extrêmement toxique lorsqu'il est chauffé. Quelques émanations de cadmium peuvent suffire à provoquer une condition chronique chez une personne. Des émanations en concentration plus élevée peuvent gravement endommager les poumons et le foie.

Le béryllium est un autre produit très toxique, même en infimes quantités. En conséquence, toute opération impliquant du béryllium doit être circonscrite et bien contrôlée. Il en va de même pour le cobalt et le thorium. En chauffant, les électrodes à base de thorium produisent une émission alpha et créent un effet d'ionisation. Une ventilation adéquate est donc essentielle.

Les émanations produites lors du brasage à l'argent sont également dangereuses. D'autre part, les flux renferment souvent des fluorures, qui génèrent des émanations nocives. Le dioxyde de manganèse n'est pas très toxique mais peut vite devenir nocif si la ventilation est insuffisante.

Le soudage d'aluminium par un procédé à l'arc sous gaz avec électrode de tungstène est particulièrement dangereux, car la fréquence ultraviolette résultante produit de l'ozone, un gaz hautement toxique qui peut gravement les poumons et autres organes du corps humain. L'ozone est irritant et provoque la toux. **Une ventilation adéquate de la zone de soudage est essentielle. Si le soudeur doit travailler en présence d'émanations toxiques, il doit alors porter un appareil de purification d'air approprié (masque filtrant, cagoule à purificateur ou cagoule à adduction d'air). Le choix de l'équipement dépend du type d'émanations.**

La fumée d'huile et ses émanations benzéniques peuvent également être nocives. La figure 7-18 donne les limites maximales acceptables pour différentes émanations liées au soudage.

Enfin, les rayonnements ionisants augmentent sensiblement les risques de cataractes. De faibles rayonnements ultraviolets suffisent à créer un effet d'ionisation et à accélérer la formation de cataractes. Les soudeurs et toutes les personnes qui œuvrent dans ou près des zones de soudage doivent en tout temps porter des lunettes de sécurité pour protéger leurs yeux. **Les rayons ultraviolets sont dangereux pour la vue. Portez toujours des lunettes de protection munies d'un filtre de teinte appropriée.**

Protégez en tout temps vos yeux, votre peau et votre système respiratoire. Toute opération de soudage, de coupage ou de brasage requiert une ventilation appropriée.

Testez vos connaissances

1. Quelle pression mesure-t-on dans une bouteille d'oxygène de 6,91 m³ à 21 °C ?
2. Si l'on utilise un chalumeau oxygaz avec un tuyau flexible d'un diamètre intérieur de 6 mm (1/4 po) et une buse n° 7 à 30 m (100 pi) des bouteilles, quelle est la baisse de pression dans le tuyau flexible?
3. Quel gaz combustible produit la température de flamme la plus élevée? Quelle est cette température?
4. Pour créer une solution alcaline de nettoyage, il faut mélanger ____ onces de bicarbonate de sodium à un gallon d'eau.
5. Quels produits chimiques doit-on mélanger afin de produire une solution de décapage pour le chrome brillant?
6. Quelle pression du système métrique (SI) équivaut à une pression de 250 psi?
7. Quelle substance sert de flux dans un haut fourneau?
8. Quelle est la température de fusion du fer pur en degrés Fahrenheit et en degrés Celsius?
9. Quelle est la température de fusion du nickel pur?
10. Quelle est la différence de poids entre l'aluminium et l'acier?
11. Nommez les deux systèmes de mesure d'épaisseur des métaux employés en Amérique du Nord.
12. Quelle est la température d'une barre d'acier au carbone propre chauffée si elle arbore une couleur rouge cerise?
13. Quel est le diamètre d'un foret n° 44 (nombre décimal en pouces)?
14. Quelle est la taille équivalente décimale en pouces d'un foret de 7/32 po?
15. Vous disposez d'un foret G et d'un foret H. Quelle lettre désigne le plus grand diamètre?
16. Pour tarauder un filetage 10-32 NF, quel foret d'implantation devez-vous utiliser pour l'avant-trou? Quel est le diamètre de ce foret (nombre décimal en pouces)?
17. Que risque-t-il de se produire lors du taraudage si vous avez choisi un diamètre d'avant-trou trop petit?
18. Que signifie l'acronyme SI?
19. Dans le système métrique, que vaut un microampère?
20. Quelles précautions devez-vous prendre avant d'entrer dans un espace restreint ou un réservoir où l'on utilise un gaz inerte comme l'argon, l'hélium ou le CO_2?

Limites maximales de contaminants				
Substances	Période de 8 heures		Période de 15 minutes	
	ppm	g/m³	ppm	mg/m³
Béryllium et composés de béryllium	—	2µg	—	5µg
Dioxyde d'azote	5	9	1	1,8
Dioxyde de carbone	5 000	9 000	30 000	54 000
Dioxyde de titane	—	15	—	—
Émanations d'oxyde de cadmium	—	0,10	—	0,3
Émanations de cuivre	—	0,1	—	—
Émanations de manganèse	—	5	—	3
Vapeurs d'huile	—	5	—	—
Ozone	0,1	0,2	0,3	0,6
Oxyde de fer	—	10	—	—
Oxyde de zinc	—	5	—	10
Poussière de cadmium	—	0,2	—	0,6
Tétrabromure d'acétylène	1	14	—	—

ppm = parties par million
mg/m³ = milligrammes par mètre cube
µg = microgrammes (millionièmes d'un gramme)

Figure 7-18. Limites maximales d'exposition à divers gaz et contaminants sur des périodes de huit heures et de 15 minutes.

Appareillage de soudage à l'arc submergé à deux fils avec transfert de flux automatisé. Cet équipement exécute ici des soudures d'angle sur une pièce reposant au sol.

Un étudiant s'exerce au coupage à l'arc plasma sur la cabine de conduite d'un véhicule utilitaire léger.